U0302065

雅趣小书

丛书主编　鲁小俊

青烟录

[清]王沂　著

哈亭羽　注译

谢晓虹　绘

长江出版传媒　崇文书局

前言

鲁小俊教授主编的十册“雅趣小书”即将由崇文书局出版，编辑约我写一篇总序。这套书中，有几本是我早先读过的，那种惬意而亲切的感觉，至今还留在记忆之中。于是欣然命笔，写下我的片段感受。

“雅趣小书”之所以以“雅趣”为名，在于这些书所谈论的话题，均为花鸟虫鱼、茶酒饮食、博戏美容，其宗旨是教读者如何经营高雅的生活。

南宋的倪思说：“松声，涧声，山禽声，夜虫声，鹤声，琴声，棋落子声，雨滴阶声，雪洒窗声，煎茶声，作茶声，皆声之至清者。”（《经鉏堂杂志》卷二）

明代的陈继儒说："香令人幽，酒令人远，石令人隽，琴令人寂，茶令人爽，竹令人冷，月令人孤，棋令人闲，杖令人轻，水令人空，雪令人旷，剑令人悲，蒲团令人枯，美人令人怜，僧令人淡，花令人韵，金石鼎彝令人古。"(《幽远集》)

倪思和陈继儒所渲染的，其实是一种生活意境：在远离红尘的地方，我们宁静而闲适的心灵，沉浸在一片清澈如水的月光中，沉浸在一片恍然如梦的春云中，沉浸在禅宗所说的超因果的瞬间永恒中。

倪思和陈继儒的感悟，主要是在大自然中获得的。但在他们所罗列的自然风物之外，我们清晰地看见了"香""酒""琴""茶""棋""花""虫""鹤"的身影。这表明，古人所说的"雅趣"，是较为接近自然的一种生活情调。

读过《儒林外史》的人，想必不会忘记结尾部分的四大奇人："一个是会写字的。这人姓季，名遐年。""又一个是卖火纸筒子的。这人姓王，名太。……他自小儿最喜下围棋。""一个是开茶馆的。这人姓盖，名宽，……

后来画的画好，也就有许多做诗画的来同他往来。”“一个是做裁缝的。这人姓荆，名元，五十多岁，在三山街开着一个裁缝铺。每日替人家做了生活，余下来工夫就弹琴写字。”《儒林外史》第五十五回有这样一段情节：

一日，荆元吃过了饭，思量没事，一径踱到清凉山来。这清凉山是城西极幽静的所在。他有一个老朋友，姓于，住在山背后。那于老者也不读书，也不做生意，养了五个儿子，最长的四十多岁，小儿子也有二十多岁。老者督率着他五个儿子灌园。那园却有二三百亩大，中间空隙之地，种了许多花卉，堆着几块石头。老者就在那旁边盖了几间茅草房，手植的几树梧桐，长到三四十围大。老者看看儿子灌了园，也就到茅斋生起火来，煨好了茶，吃着，看那园中的新绿。这日，荆元步了进来，于老者迎着道：“好些时不见老哥来，生意忙的紧？”荆元道：“正是。今日才打发清楚些，特来看看老爹。”于老者道：“恰好烹了一壶现成茶，请用杯。”斟了送过来。荆元接了，坐着吃，道：“这茶，色、香、味都好，老爹却是那里取来的这样好水？”于老者道：“我们城西不比你城南，到处井泉都是吃得的。”

荆元道："古人动说桃源避世，我想起来，那里要甚么桃源？只如老爹这样清闲自在，住在这样城市山林的所在，就是现在的活神仙了！"

这样看来，四位奇人虽然生活在喧嚣嘈杂的市井中，其人生情调却是超尘脱俗的，这也就是陶渊明《饮酒》诗所说的"结庐在人境，而无车马喧"。

"雅趣"可以引我们超越扰攘的尘俗，这是《儒林外史》的一层重要意思，也可以说是中国文化的特征之一。

古人有所谓"玩物丧志"的说法，"雅趣"因而也会受到种种误解或质疑。元代理学家刘因就曾据此写了《辋川图记》一文，极为严厉地批评了作为书画家的王维和推重"雅趣"的社会风气。

辋川山庄是唐代诗人、画家王维的别墅，《辋川图》是王维亲自描画这座山庄的名作。安史之乱发生时，王维正任给事中，因扈从玄宗不及，为安史叛军所获，被迫接受伪职。后肃宗收复长安，念其曾写《凝碧池》诗怀念唐王朝，又有其弟王缙请削其官职为他赎罪，遂从宽处理，仅降为太子中允，之后官职又有升迁。

刘因的《辋川图记》是看了《辋川图》后作的一篇跋文。与一般画跋多着眼于艺术不同，刘因阐发的却是一种文化观念：士大夫如果耽于“雅趣”，那是不足道的人生追求；一个社会如果把长于“雅趣”的诗人画家看得比名臣更重要，这个社会就是没有希望的。

中国古代有“文人无行”的说法，即曹丕《与吴质书》所谓“观古今文人，类不护细行，鲜能以名节自立”。后世“一为文人，便不足道”的断言便建立在这一说法的基础上，刘因“一为画家，便不足道”的断言也建立在这一说法的基础上。所以，他由王维“以前身画师自居”而得出结论：“其人品已不足道。”又说：王维所自负的只是他的画技，而不知道为人处世以大节为重，他又怎么能够成为名臣呢？在“以画师自居”与“人品不足道”之间，刘因确信有某种必然联系。

刘因更进一步地对推重“雅趣”的社会风气给予了指斥。他指出：当时的唐王朝，“豪贵之所以虚左而迎，亲王之所以师友而待者”，全是能诗善画的王维等人。而“守孤城，倡大义，忠诚盖一世，遗烈振万古”的颜杲卿却与盛名无缘。风气如此，“其时事可知矣！”他斩钉截铁地告诫读者说：士大夫切不可以能画自负，也不要推重那些能画的人，坚持的时间长了，或许能转移“豪贵王公”的好尚，促进社会风气向重名节的方向转变。

刘因《辋川图记》的大意如此。是耶？非耶？或可或否，读者可以有自己的看法。而我想补充的是：我们的社会不能没有道德感，但用道德感扼杀“雅趣”却是荒谬的。刘因值得我们敬重，但我们不必每时每刻都扮演刘因。

“雅趣小书”还让我想起了一篇与郑板桥有关的传奇小说。

郑板桥是清代著名的“扬州八怪”之一。他是循吏，是诗人，是卓越的书画家。其性情中颇多倜傥不羁的名士气。比如，他说自己“平生谩骂无礼，然人有一才一技之长，一行一言之美，未尝不啧啧称道。囊中数千金随手散尽，爱人故也”（《淮安舟中寄舍弟墨》），就确有几分“怪”。

晚清宣鼎的传奇小说集《夜雨秋灯录》卷一《雅赚》一篇，写郑板桥的轶事（或许纯属虚构），很有风致。小说的大意是：郑板桥书画精妙，卓然大家。扬州商人，率以得板桥书画为荣。唯商人某甲，赋性俗鄙，虽出大价钱，而板桥决不为他挥毫。一天，板桥出游，见小村落间有茅屋数椽，花柳参差，四无邻居，板上一联云：“逃出刘伶裈外住，喜向苏髯腹内居。”匾额是“怪叟行窝”。这正对板桥的口味。再看庭中，笼鸟盆鱼与花卉芭蕉相掩映，室内陈列笔砚琴剑，环境优雅，洁无纤尘。这更让板桥高兴。良久，主人出，仪容潇洒，慷慨健谈，自称“怪叟”。鼓琴一曲，音调清越；醉后舞剑，顿挫屈蟠，不减公孙大娘弟子。“怪叟”的高士风度，令板桥为之倾倒。此后，板桥一再造访“怪叟”，“怪叟”则渐谈诗词而不及书画，板桥技痒难熬，自请挥毫，顷刻十余帧，一一题款。这位“怪叟”，其实就是板桥格外厌恶的那位俗商。他终于“赚”得了板桥的书画真迹。

《雅赚》写某甲骗板桥。“赚”即是“骗”，却又冠以“雅”

字，此中大有深意。《雅赚》的结尾说："人道某甲赚本桥，余道板桥赚某甲。"说得妙极了！表面上看，某甲之设骗局，布置停当，处处搔着板桥痒处，遂使板桥上当；深一层看，板桥好雅厌俗，某甲不得不以高雅相应，气质渐变，其实是接受了板桥的生活情调。板桥不动声色地改变了某甲，故曰："板桥赚某甲。"

在我们的生活中，其实也有类似于"板桥赚某甲"的情形。比如，一些囊中饱满的人，他们原本不喜欢读书，但后来大都有了令人羡慕的藏书：二十四史、汉译名著、国学经典，等等。每当见到这种情形，我就为天下读书人感到得意："君子固穷"，却不必模仿有钱人的做派，倒是这些有钱人要模仿读书人的做派，还有比这更令读书人开心的事吗？

"雅趣小品"的意义也可以从这一角度加以说明：它是读书人经营高雅生活的经验之谈，也是读书人用来开化有钱人的教材。这个开化有钱人的过程，可名之为"雅赚"。

陈文新

2017.9 于武汉大学

雅趣小书

青烟录

目录

青烟录

译文

雅趣小书

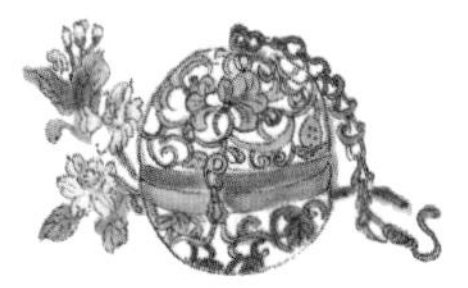

原文

导读

古人认为，万物有气而上统于天，香为气中升发者，为天所感，可以降神。因此，古代中国对香料的钻研使用，可谓源远流长。香料用作酿酒祭祀，滥觞于尧舜；熏衣养鼻，兴发于两汉；凝神静业，攀顶于唐宋。千百年间，香的功用日趋广泛，医药、宗教、日用、养性无所不包，终成中国传统文化中具有代表性的一部分，对周边国家也颇具影响。

焚香有动有静。动者朱火摇摇，芬芳馥郁，轻歌缓唱，旖旎无边。静者青烟袅袅，坐卧其次，万念俱寂，静极而悟。古今焚香，多取其静趣，故《青烟录》作者王䜣将香作比，谓之“当是孤山之琴鹤化身，当是漆园之蝴蝶化身，当是藐姑射之冰雪化身，当是极乐国之莲花化身”，可见香之幽雅缥缈、清冷高洁。以此不难理解，为何焚香、品香有凝神修身之功效。

古代不乏有关香道的著作。宋代洪刍有《香谱》，明代周嘉胄有《香乘》，二者均对香进行了较为细致的研究和记叙。而王衍所撰《青烟录》成书于清代中期，在考据内容上集前人之精粹，加诸清代前期通商过程中对香料的进一步认识，又辅以作者的感想议论，踵事增华。

作者王衍，字子以，山西人，一生不曾为官。嘉庆八年（1803）秋，王衍于琅琊登长公超然台，见西风千里，日暮将迫，感人生之须臾，忽觉"惟有香炉一器，香数种，能颐养我志，而不扰于神"，遂引以为友，始作《青烟录》，历时两月修成。共八卷，卷一、二记载关于香的典故轶事，卷三、四记录对多种香料的考据研究，卷五阐释香材大类，卷六收集制香香方，卷七介绍熏香、制香的器具，卷八补充数篇文论。

本书以《四库未收书辑刊》影印的嘉庆十年（1805）刻本《青烟录》为底本，选取了内容轻松有趣的第一、二、七卷，以有关香、香料和焚香器物的奇闻雅事为主。为做到趣味性与实用性兼备，本书正文采用"译文 + 原文 + 注释"的结构。为做到趣味性与实用性兼备，简译原书三、四卷中对部分重要香料的考据，作为附录附在文末。

另外，由于篇幅限制，本书所选三卷也有部分删节。如内容重复或相近的“神香”“蔷薇水”条，与香料关联甚小的“芳尘”“旖旎山”条，晦涩难懂的“幅罗草和香”“罽宾国香”条等，皆予删去。书中少量字句与原文不同而未加注释，系原文存在衍、脱、讹、倒等明显错误，经译注者参考其他资料径改而成。

哈亭羽

2018 年 5 月

青烟录

译文

雅趣小书

马慧裕序

人生而有所嗜好，如烟云充满内心而无法释怀，即便有功名声望的诱惑，也不能分散他对所嗜之物的探究之心。不过，如果嗜好无法反映其品格性情，即便极尽参究考据之能事，精确无匹，也不值得落笔成书，使天下同好共赏于风雨萧瑟、闲居一室之时。这里面的妙处是可遇而不可求的。

并州秀才王䜣，精修医术，尤其喜爱黄老之学。作为一介儒生，本可追求功名声望以期流传后世，而他却独独执着于香的研究，这难道不是深深参悟到了，清静无为的道理、佛家禅定的境界，在于香而不在功名声望吗？每当风潇雨晦、斋居屋内时，试着翻阅王䜣的著述，只觉他的性格品行，都从香海之中超出人间世界了。如果只是欣赏参究考据的精确之功，那么艺苑流传下来如《茶经》《酒史》《兰谱》《菊疏》等，用来增色见识、助兴风雅的著作，已经足够了！

嘉庆岁次乙丑（1805）十一月，三韩马慧裕题于大梁节署澄怀堂。

凡例：青烟散语（节选）

古人在制香焚香之前，已尽用香之理。《尚书》载舜帝登临泰山，烧柴祭天；武王望祭岳川，昭告凯旋。《礼记》所说燃薪于泰壇，《周礼》所谓起火烤牲畜，都是焚烧柴火，使烟气通达至天，从而请神灵降临。这就是后世“烧香”的起源。

烧香起源于佛道。李端彦在《贤已集》中，认为烧香起源于西晋僧人图澄。《晋书·佛图澄传》记载，当时襄国护城河水源干涸，石勒问佛图澄何以致水，澄答：“如今应当敕令龙来降水”。于是焚安息香，念“敕水咒”数百字，便降大雨。然而《三国志》《江表传》均提及“烧香读道书”，可见汉末道家已经用香，烧香并非起源于西晋佛图澄。又按《汉武故事》记载：“浑邪王杀休屠王，因族众归降，得其部落祭天金人，祭祀不用牲畜，仅烧香施礼祝拜。”由此可知，烧香始于佛家。高似孙在《纬略》中持同样观点。

香与人一样。不可太浓，浓便近重浊；不可过甜，甜便近浅俗；不可轻，轻则飘浮；不可燥，燥则粗鄙。来时纡缓如水波漫漫，不知自何处起，醇厚温和，似乎与人同立；去时舒缓安稳，余香袅袅，若有似无，这样的香才是清雅的典范。全心浸润于静趣中，方知香可用来分判万物。

与香相适宜的状态，有静坐，有著书成文。适宜的时节，有春秋天朗气清时，冬季暖阳雪夜时。香之于地点，宜名山、书馆、禅床、船舫。香之于人，宜风雅名士、清贫布衣，宜空谷佳人、高僧高道。焚香时适合做的事，有占卜参《易》、读快意书、讲《太玄经》、品阅《庄子》、临帖烹茶、清谈考据。焚香时适合听的声音，有琴声箫声、落棋声轻诵声，有檐下树间自行飞来的小鸟啁啾，有捣捶衣物砧杵相触时的石声清冷。至于那弄花赏月，美人歌舞，杯盘狼藉，纸醉金迷，于烛影摇红中挽袖畅饮的奢华生活，焚香助兴并非不好，但终是减损了韵味情致。

一旦想追求雅致，便已至俗地；想追求高远，便已到低处；想追求清洁，便已成浑浊。以此推比香的妙处，只在有意无意间飘摇萦绕，这是心浮气躁的人无法品悟的。

焚香最适合读书。但如果开卷时便一心揣摩如何功成名就，那此人不必焚香，香也不愿被这种人爇烧。

芬郁香气中，各种香料居首，花香其次，果香又次。原因在于，香的本体洁净轻盈，而花香涉及视觉上的色彩形貌，果香涉及味觉上的口感味道，二者兼备就会互争高下，有争夺香气就不纯净。香始于有形的香料，而焚烧后无形无体，不受阻碍，延伸向上，属于通神的范畴。花香与果香，从无形生发到有形，受有形之阻，属于通人的范畴。而且花与果的香一成不变，香料却可以斟酌剂量增减调整，所以崇尚味道的人以香为贵。

凡是大千世界中有情识的人，缙绅先贤或慧业文人，高僧高道或美人名妓，能在香中品悟静趣的，必定不是俗人。有知己者，不必求同世同时，甘愿跟附前人之后。

本书中有一二条重复内容，如“石叶香”条，在第一卷为讲典故，第四卷为讲名物，从详不从略。

本书以供焚烧的香料为主，化妆品、熏衣香、佩香之类，只是有关时偶尔提及，也偶有治病的方子，不是正文，还请读者不要讥嘲此类内容不够详备。

本书记焚香琐事，原不打算刊行，付梓是因为在大梁拜见了中丞马朗山先生。先生问到最近在写什么书，看到《青烟录》十分高兴，认为我性格品性尽在此书，不可不出版，并为之写序。当时郑朴亭、吴竹泉都劝我出版，竹泉又帮忙资助、点校，经月而成书，因此都记载下来。

啸岩先生王訢　撰

卷一

香说

《演繁露》记载：秦汉之前，广西、广东两地尚未与中原地区相通，中原没有今日沉香、龙脑等香。宗庙祭祀焚烧艾蒿，天子祭礼崇尚郁金，餐食菜品以椒为贵，到荀子时才有“椒兰芬苾，所以养鼻也”的说法。汉代虽然已攻占南越，但最崇尚香芬的嫔妃宫阁仍以“椒”命名。官员所用，仅仅口含鸡舌香上殿奏事而已，与沉香、龙脑有云泥之别。《西京杂记》有关于长安工匠丁缓制作被中香炉的记载，似乎已经有今时之香。但汉代刘向为博山炉作铭，言其中有兰草，火红而烟青；《玉台新咏》说博山炉时仅提及蕙草，二者所言都是焚烧兰、薰、蕙等，而非沉、脑。可见汉代虽与南越国互通，却未见粤地之香。《汉武内传》记载，西王母下凡时焚烧婴香等种种，疑为后人所作。汉武帝信奉仙道，极尽宫殿、帏帐、器用之奢丽，《汉书》和《史记》都一一记传不遗，若真创造了古往今来从未有过的香，怎会不记?

这种看法很恰当。汉武帝喜兴事端，所以后世儒生常借他的名义，发表自己荒诞不实的言论，让读者如同置身黑雾，迷惑不快，得知这个观点则可以一抒郁结。

弱水国贡香

《博物志》记载：汉武帝时，弱水之西的国家有使者乘毛车渡水前来献香。汉武帝认为那是寻常的香料，中原境内并不缺乏，未曾礼遇使者，使者留了下来。汉武帝亲临上林苑时，西国使者来到天子的车马间并呈上香料。皇帝取香来看，见是鸾鸟蛋大小的三枚，形同大枣，十分不快，将之送去宫外的仓库。之后长安城中爆发疫病，宫人大多染病，皇帝下令不得奏乐以示沉肃。此时西国使者求见，请求焚烧一枚进贡的香来摒除疫气。皇帝没有办法，应允下来。焚香后，宫中患病的人当天便都痊愈了，长安城数百里都能闻到香气，历经三月不散。于是，汉武帝赐予献香使节丰厚的礼品，盛宴为其饯行。

这条记述比李石《续博物志》记载的“返魂香”条更有道理些。疫，是天地间不正之气，也就是医家所说的“虚气”，随时会趁人力量虚弱时侵入人体，所以被疫沾染的人都会患病。香凝结数千年水木精华，凭借火的力量，达到真烈之性，可立即驱散一切虚浊之气，这就如同医家香药防疫、温通散寒的方法。

蘅芜香

《拾遗记》记载：汉武帝在延凉室歇息，卧眠时梦到李夫人送给他蘅芜香。汉武帝惊醒，那香气还萦绕在衣枕之上，历经数月不曾消散。

蘅指杜衡，也叫楚衡或杜若。芜指芜蘼，也叫薇芜，即江蓠。《离骚》中“杂杜衡与芳芷”一句，大概就是将杜若、江蓠之类的香草掺杂起来作佩香。

遥香草

《拾遗记》记载：岱舆山有遥香草，花色殷红如同朱砂，光芒能映入月亮，叶子细长呈白色，香气散发数里，如同忘忧草。花和叶子都香。

神奇圣灵的地方自有珍稀奇特的物产，必然存在有所耳闻却不能触及的东西，哪里仅“遥香草”这一种呢？遥香草无处考证，仅名字留存。

返魂香

《续博物志》记载：返魂香条。东方朔说："月氏国使者进献香料，云：'东风入律，百旬不休，青云干吕，连月不散。'意指中国将有德行出众的君主。因而月氏国使者搜集奇珍异宝，为进贡神香乘水牛渡弱水，驭良驹越沙漠，历时十三年。返魂香能治愈残疾，复活死人，是下界的神药。只要熏蒸返魂香，让病死的人闻到香气，便可起死回生。"次日，使者不知所踪。后元元年，长安大疫，死者众多。皇帝烧了一些返魂香，死亡没满三天的人都活了过来，香气经三月不散。可有一日，剩余的返魂香丢失了。

汉武帝时，广东广西刚刚隶属于中国。汉朝与西南各国使者往来，谓当时各种奇香在各少数民族国家，搜寻不尽。要说可能存在佳品，这是可以的；一定传得像返魂香般神乎其神，这是冒信。况且汉武帝自元封以来，数次发兵侵略夜郎、邛筰等地。少数民族地区的人疲于饥荒，罹受湿热，战死者众多，汉武帝所谓"德行"又哪里足以召死者回生呢?

龙脑香

《续博物志》记载：龙脑香。段成式言："出产于波律国，树高八九丈，干围粗六七尺。"凝固的干脂为龙脑香，液态清脂为婆律膏。可治眼疾中的内障和外障。又有苍龙脑，不能用来点眼睛。经火烘焙后结块的香是熟龙脑。

龙脑香气味清冽独特，中国古时十分稀少。唐代天宝年间，交趾进贡过，宫中名之为"瑞龙脑"，也是因对其珍视。《酉阳杂俎》《续博物志》都有关于龙脑香的记载。

麝

《续博物志》记载：《香谱》有云："（麝香作伪）将一子真麝香分作三四子，刮取麝囊内的血膜混合，再掺杂碎末杂质，连皮毛都无法辨识。"黎地的香有两种，分别为蕃香和蛮香，再加上黎人伪作的香混杂其中，官市上动辄数以千计，如何，满足征收的要求？所谓"真香"有三种说法，一是当麝成群经过山中，麝的香气自然结成，看不到形状，是真香；入春时，麝自行用后腿剔出囊中的香，藏在泥地水底，不让人看到，是真香；杀死麝取腺囊，一只麝一个，是真香。这都是我亲眼所见的。

麝香的真伪至今仍不易辨识，这条分辨的内容讲得很清晰，不可不知。

沉香杂木

《续博物志》记载：太学同僚有人曾在粤地中部为官，云："沉香非某一种木。朽坏或虫蠹的木料浸于沙水，久经年岁便成沉香。南方海上的居民的桥架房梁皆为香木。海桂、橘柚等香木，沉水多年可得沉香。《本草纲目》说沉香像橘树，就是这个道理。如果直接采伐原材，就没有香气。"

这一说法也有道理。凡是珍贵木材，浸水多年都会有香气。大概因为木入水即腐坏，腐败后剩下的部分，就是受水影响后的木之精华，因此沉香多为树木中心和分支长叶的部分。楠木有香楠，杉树有香杉，大概也是斫伐后受到泥土湿气的影响。因此说沉香的原木，至今没有定论说是某一种树，考据其他书籍，也多有不合。

降真

《续博物志》记载：《海药本草》有云："降真香可治时疫，焚烧可感引仙鹤前来。"

降真香香气纯烈，焚之烟气笔直，故得道家推崇，大抵认为此香能辟除邪浊之气。所谓降鹤，是说仙人乘鹤而降，并非是降真香与鹤有关系。

芸香

《续博物志》记载：《仓颉解诂》里讲道："芸蒿，类似邪蒿，可以吃。"《鱼豢典略》里讲道："芸香防食纸蠹虫，故藏书台又称'芸台'。"

在典籍中看到"芸"字，特别是"芸蒿"二字，十分雅致。关于芸香的论说见于卷八。

苏合香（其一）

《续博物志》记载：《神农本草经》有云，苏合香产于中台川谷。陶弘景注为“是狮子屎。”又说：“是各种香草汁液煎煮而成，与狮子屎不是一种东西。”陶弘景所说西域传来的香料类似紫檀，重比石头。蘡薁即是山蒲桃。

又有草本植物也叫“苏合香”。苏合香种类很多，说法不一，近来常用的都由各种香草煎制而成，不知道哪种是真的。狮子屎是其他的东西。

苏合香（其二）

《梦溪笔谈》记载：今时的苏合香形似坚木。又有苏合油，如同糙米制成的胶，现在所用的苏合香多指此。按刘禹锡撰《传信方》所说，苏合香叶子多而薄，香脂为金色，按压时变小，放开时便弹起，震颤良久不止，犹如虫动，性烈者最好。这种形容与今日所言的苏合香完全不同，应当更精确地考证。

李时珍《本草纲目》引用这条，也没有对苏合香下定论，暂缺。

水　麝

《续博物志》记载：天宝初，虞人捕获水麝，皇帝下诏饲养起来。水麝脐中只有水，滴沥少许，洒在衣上，衣败不散。取香时以针刺水麝的脐，之后用雄黄涂抹（伤口便可愈合），香气倍胜于普通的麝。

当真是妙品！其意应与山车、泽马类似，是偶然一现的祥瑞之兆吧。抑或是世上本有只是人们不识得。

榅桲香饼

宋代鄱阳人张世南所著《游宦纪闻》记载：欧阳修的《归田录》曾载："唐、邓两地盛产大柿子，未成熟时干燥涩口，像石头般坚硬。每百棵柿子树间栽种一棵榠楂树，柿子就变得红艳烂熟，松软如泥，这便可以吃了。榅桲也可以代替榠楂。"但江南人不认识榅桲，张世南带着双亲去川渝一代为官，到了蜀地才识得。榅桲大的像梨，味道香甜，用刀切开，果肉就会变黑，味道受到损坏。吃的时候先用布擦去表面的毛，包起来在柱子上敲碎，味道很好。蜀地的人将榅桲顶部切去，中心挖空，放入檀香末、沉香末和少许麝香，再将切下的顶盖上，用线绑起。蒸熟后取出放凉，研成泥状，加入少量龙脑香搅拌均匀，做成小饼，香味不下于龙涎香。

苏颂说，道家用榠楂压出果汁，与甘松、元参的粉末和在一起做成湿香，使得心神清爽。榅桲产于西部，今日关中一带也有，沙苑出产的更好。从这几条记述看，用于催熟柿子时，榅桲可以代替榠楂；用于制香时，榠楂则可代替榅桲。

蔷薇水

《游宦纪闻》记载：占城国至唐以前未曾与中原地区相通。唐显德五年（公元958年），占城国国王因德漫派遣使者莆诃散赴唐，进贡猛火油八十四瓶，蔷薇水十五瓶，用贝多叶书写标明，装在香木制成的匣子里。用猛火油泼洒东西，遇水则起火更旺。蔷薇水来自西域，洒在衣服上，直至衣服破败香味也不会消散。以上内容载于《五代史·四夷附录》。佛经有云："凡间之火遇水会被浇灭，龙火遇水更加旺盛。"相信就是这个道理。《阴阳自有变化论》云："龙能生水，人能生火。龙看不到砂石，人看不到风，鱼看不到水，鬼看不到地。"也是这个道理。

蔷薇水与如今制作的香水不同，猛火油用法不详。很是遗憾。

朱栾花香

《游宦纪闻》记载：有种叫做“回青”的柑橘，果实大，过冬也不会凋落。冬季满树垂挂金色果实，到春天复又转青，秋季再次变黄时摘下，味道不是很好。回青的花极香，与茉莉花不相上下。永嘉所产之柑为天下第一，有一种名叫“朱栾”，其花形似柑橘，而香远胜之。将笺香或降真香做成片状，用锡为小甑，放入朱栾花一层，香片一层，通常使花多于香片。然后在甑的侧面开孔，排出水分，用容器贮存。蒸煮结束后，撤掉甑拿出花瓣，用析出来的液体浸透香片，次日继续与花同蒸。如此三四次，花瓣彻底干燥，此时再放入瓷器里密封，这样做出的香最好。朱栾是优质柑橘中的翘楚。

以此类推，凡是花中上品，都可以用于这种制香方法。

范蔚宗香方

《野客丛书》记载：唐代侯味虚作《百官本草》，贾志忠作《御史本草》，有人说以中草药比况官员的写法前所未闻，但我认为二者祖述于范晔的《和香方》。范晔撰写香方，以香类比当时的官员名士。如将庾炳之比作所忌甚多的麝香，将何尚之比作干枯虚燥的藿香，将沈演之比作黏腻湿润的詹糖。枣膏混沌黏稠，比羊元保；甲煎浅俗，比徐湛之；甘松和苏合，比僧人慧琳。而自己则比作沉实平易的沉香。范晔的香方与《百官本草》等文的不同，不过在于前者比作人，后者比作官罢了。

诸般香料皆本自草木，既然以木为本体，则主火，其性发散上升，唯独沉香能沉于水，故以沉香为诸香之冠。范晔以香比当时的官员，不知是否准确恰当，但不能说是不了解香。

赵梅石侈靡

宋代周密所著《癸辛杂识》记载：赵孟仪，字梅石，好奢靡，性深沉阴险。家中有沉香暖阁三进，门窗皆饰以镂空雕花。阁子下装有木板做的夹层，朝向室内的一面也布满雕花，下面安有抽屉，里面放入篆香，使暖阁内终日香气芬郁。暖阁前后都挂着织锦垂帘，其他物什也用彩锦作衬。后来听说暖阁被献给王府，赵梅石则得到掌管矿产开采的官职。后来，赵梅石又造黑漆大战船，艎板均以香楠木镂花铺就，下面焚烧沉香和龙脑，一如之前暖阁型制。吕师夔亲自查看了该船，于是称赵梅石为“黑漆船”。赵梅石最后在燕京饿死。

可制暖阁的沉香，应是香木整体，而非鹧鸪斑、黄熟之类的木心与枝节，大概就是水盘头那样粗大的沉香木，但也十分难得。《癸辛杂识》所载赵梅石的死法极妙，大抵应自然因果的道理，平日过于奢靡，最后竟然是饿死。

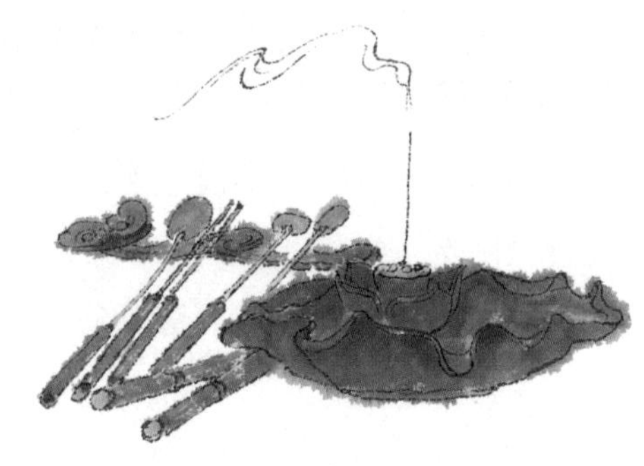

白檀甑

《癸辛杂识》记载：焦达卿任光禄寺令史，掌管酒醴膳馐之事，据他介绍，（内廷）煮饭时都以温石作釜（温石就是莱石），上置甑，以白檀香蒸煮，瓮盎则用银制成，极其奢靡，前代未曾有。每逢皇帝驾临设宴，必用重臣掌事，外廷官员则没有机会参与其事。

彼时皇帝与宠臣间的关系，由此可见一般。

玫瑰油

宋代张邦基所撰《墨庄漫录》记载：玫瑰油出自北方少数民族，颜色莹润洁白，其芬香馥郁难以言表。用作“试香法”，由多种香煎取提炼而成。北地的人认为玫瑰油很贵重，每次派使者回访他国时，礼物中的玫瑰油仅有一盒，前来进奉的使者则按例得一小罂。玫瑰油的制法秘不外宣。宣和年间，周武仲出使北地，途径磁州。当时叶著驻守磁州，嘱咐周武仲道：“你回来时，我愿意分给你军饷来换玫瑰油。”周武仲归途复命，将玫瑰油赠与叶著。叶著说：“现在不需要了。最近朝廷用重金贿赂北地使者，得到了制法，制成的玫瑰油颜色香气更胜北地。皇帝将玫瑰油赏赐给亲近的大臣，我的岳父蔡京最近寄给我几盒。你回朝后肯定有人向你索要玫瑰油，我送给你一盒吧。”周武仲也没有接受。玫瑰油是北地本土所产，北人也仅仅赠出一盒，如此珍惜宝贵。而今显贵的近臣赠与他人这么多，足以见其多么奢靡。

玫瑰油的用法不清楚，大概也是用来涂抹器物，仅仅是取它香味浓烈而已。近年来自西域的香油有很多种，如丁香油、檀香油、薄荷油、肉桂油，都是珍贵品种，附录于后。

丁香油呈紫黑色，有丁香花的香气，纯粹浓厚。丁香油热性猛烈，能渗透肌肤骨骼。取少许涂抹在手心，香气能透过手背。涂在丹田，热气直通下元。于丸药、膏药中酌量使用少许，能使药力强烈，疗效迅速。丁香油用作合香尤其美妙。各种香油中以丁香油为最。

檀香油香气馥郁，取少量涂抹在玩赏器物上，香味持续数日。作合香也很好，但未曾听说将檀香油用作药物。

薄荷油呈淡金色，有薄荷香气，芬芳浓烈。凡有风火郁积、头热昏痛的症状，可将少许薄荷油涂在双眼眼皮上，会立刻有涩痛感，双眼流泪无法睁开，之后便神清气爽。同时擦拭两个太阳穴，不需要再用定香剂。肩背受风时取薄荷油涂抹揉按，也能有效缓解。

肉桂油呈金黄色，有肉桂香，香味浓郁，但未曾亲自试用过。应该和丁香油功用差不多。能否做合香也没有验证。

以上四种香油，都是我亲眼所见，真假优劣不一。

都用小琉璃瓶贮藏，通过颜色深浅、气味浓淡来辨别，色深气浓的为上品。西域人以制物小巧精细闻名，致力于精巧。中原人常觉他们制作的物什很难得，花重金购买，殊不知这只是西域人素来如此，他们惯于冥思苦想、精益求精。不过薄荷这种虚燥轻薄的植物，能蒸馏萃取出这般精华，也很可嘉。

木犀香

《墨庄漫录》记载：木犀花多分布于江浙地区，气味清香浓郁，胜于其他的花。木犀有两种，一种花色深黄且花大，香味尤为浓烈。一种颜色白浅花朵小，香味稍逊。拂晓寒风送香，以嗅代观，实为清芬仙境。湖南称木犀为“九里香”，江东地区称“岩桂”，浙江人称为“木犀”，是因为花树的纹理像犀牛皮。但古人没有特别吟咏过木犀，不知旧时如何称呼。张舜民诗“竚马欲寻无路人，问僧曾折不知名。”说的大概就是木犀花了。王以宁在《道中闻九里香花》一诗中提到，“不见江梅三百日，声断紫箫愁梦长。何许绿裙红帔客，御风来献返魂香。”可见近人采集木犀花蕊来熏蒸各种香料，特有典范。山僧趁木犀花半开，香味正浓时，从枝头采下，用女贞捣出的汁液少许，与木犀花拌在一起，放进有油的瓷瓶中，用厚纸盖住。等花落尽时，在密室中取出放入盘里，香气袭人，一如木犀秋日盛放。其后放进容器贮藏，可以留存很久。枝干粗大的木犀树，还可以刨制做成盂盖、茶托等种种器用，以淡金色的漆涂饰，甚好。（茶托，就是茶船，近人多认为是新研制的巧物，不知宋代已经有了。）

据《群芳谱》考辨，人们因女贞树冬季茂盛，故别称其为“冬青”。殊不知女贞叶子长果实黑，而冬青叶子圆果实红。又有树叫枸骨，也形似女贞。女贞就是俗称的“腊树”，冬青俗称“冻青树”，枸骨俗称“猫儿刺”，应是三种树。女贞五月开细碎的青白色小花，花朵繁盛，九月结果，像牛李子，果实累累，生时青色，成熟后变为紫色。女贞树木皮下肌理白而细腻，立夏前后，取蜡虫卵包裹在树枝上，半月后虫孵化出来，在树枝上缓慢移动，分泌白蜡。制作木樨香用的大概就是这种女贞树。

《埤雅》中提到的桂有菌桂、牡桂，没有木犀。《格致丛话》提及：“桂，就是梫木，也叫木犀和岩桂，有白、黄、红等颜色。”《学圃杂疏》说：“栽种木犀要种早黄、毬子两个品种。不但因为早黄七月中开，毬子开花繁密，这两种的香气也浓郁非常，丹桂香味稍逊。”《墨庄漫录》所说的与女贞树汁相拌的桂，大概就是这种。

聚龙脑用孔雀毛（翠羽帚）

《墨庄漫录》记载：孔雀毛碰到龙脑香就会黏缀在一起。宫中用孔雀尾羽做成扫帚，每当皇帝临幸各个楼阁时，宫人先将龙脑香末撒在地上，皇帝走过后，再用翠羽帚扫地，龙脑香都被聚集起来，没有遗漏。这就像磁石吸针、琥珀拾芥，是事物之间的相互感应。

龙脑遇到孔雀毛就会黏合，遇相思子可不消耗香气，这是有情者啊。相思子，就是红豆。

鼻观香

《墨庄漫录》记载：我曾自制鼻观香，嗅之便觉洒脱不拘、超逸绝俗，绝非闺阁中的缠绵香气。

制法：沉水香一两擦成屑，置于榠楂汁中，汁没过香一指，腌渍三日。三日后，滤掉汁液。取降真香半两，以二钱七建茶精品作浆，腌渍一日，用湿竹纸包裹数层，置火上烘煨一小会。再取新鲜丁香一钱，未经火的鲜玄参二钱，拂去尘埃，炒出香气。并茅山苍术一钱、白檀香三钱、麝香半钱、龙脑香一钱和硝石一字，磨成细末。其后将皂角加热至胶状，与香粉一同和作香饼，封于密器之内，慢火烧制。

制香重品，第一忌有脂粉气，其次忌枯燥，枯燥则香有火气。张邦基的方子制合香甚得其意。

爑，《正韵》注："楚绞切"。《广韵》解释为"熬也，又同炒"。

茅山黄连香，即苍术。《名医别录》言苍术为"山连"，陶弘景、苏颂都认为苍术出产于茅山者为佳。婆律，即龙脑香。《酉阳杂俎》记载"龙脑香，出婆律国"。

宣和异香

《墨庄漫录》记载：宣和年间，宫中偏爱海外浓香，如广南国所产笃耨、龙涎、亚悉、金颜、雪香、褐香、软香等。笃耨香有黑白二种，黑色的每次进贡数十斤，白色的则很少，用瓠壶盛装，香油浸润到瓠子中，打碎可以作为香来烧，叫“瓠香”。白色的笃耨香每两值八十贯钱，黑色的值三十贯。朝臣认为这香珍贵异常。

气味浓烈的香多数是古木历经千百年凝结而成的。香木品质难以定论，年代久近无从查考，即使是外邦人也不过是从形色气味隐约判断，没有确凿的辨别方法。何况香木一入中国，更被传得神乎其神，夸大其词。品香之道岂有穷尽之时？私以为品鉴香料，凡是常见的名贵材料，自然容易辨别优劣。罕见的品种只要从形色气味斟酌即可，不必拘执于古来品名。如此或可不见欺于古人。

零陵香

《墨庄漫录》记载：零陵香本命蕙草，又名薰，即古之“兰蕙”。亦即《左传》所谓“一薰一莸，十年尚犹有臭”中的“薰”。唐人称之为“铃铃香”，也叫“铃子香”，以其花倒挂悬于枝叶间，犹如小铃铛得名。今时京城居民购买零陵香，还要选取有铃子的植株。“铃子”即蕙草的花，本是俗语，文人以湖南零陵郡名称雅致而附会于香草。后人又将零陵香单独收入《本草纲目》，殊不知《神农本草经》本就有“薰草”一条，又叫“蕙草”。零陵香在南方随处可见，《本草纲目》望文生义，谓零陵香出于零陵郡，其实不然。

此条辨析明了，可补《本草纲目》的错漏。

七里香

《梦溪笔谈》记载：古人藏书，用芸香来防蛀虫。芸香是一种香草，即今人说的七里香。芸草的叶子类似于豌豆叶，小丛生长，极为芳香，秋后叶子间微微发白如同用面粉涂抹过一样，用它防蛀虫有特效。南方人采来放在席下，可以除跳蚤、虱子。我兼昭文馆之职时，曾在文彦博家求得了许多株芸香，移植到秘阁后面，现在没有存活的了。香草这类东西，大体上都有别的名字，如所谓兰荪，荪就是今天的菖蒲；蕙即今日零陵香；茝就是白芷。

芸草，古今说法不同，我曾考据《格物总论》《学圃馀疏》《群芳谱》《本草纲目》诸作，有很多矛盾的地方，尚且空缺吧。

辨一木五香

段成式的《酉阳杂俎》一书，所记之事多荒诞不经。特别是书中记叙的奇花异草、珍奇物什，错误不实之处尤多。大概是记他国传出的故事，几乎没有根据。比如书中说：“有一种树由五种香构成：根为檀香，枝为沉香，花为鸡舌香，叶为藿香，胶为乳香。”这尤其荒谬。檀香与沉香是截然不同的两种香木。鸡舌香就是如今的丁香，现今入药的“鸡舌香”也不是真正的鸡舌香。藿香本身是草叶，在南方很常见。薰陆是一种枝干细小而叶子大的植物，海南也有，“薰陆”指的是它的胶，就是现在所说的“乳头香”。这五种植物迥然不同，根本不属于同一类别。

像王嘉的《拾遗记》、段成式的《酉阳杂俎》这类笔记小说，乃是吟诗作赋、显示藻丽辞采的作品，对于其实用性，还需要验证分辨。

楚辞所咏诸香草

《遁斋闲览》记载：《楚辞》所提及的香草，有兰、荪、茝、药、虈、芷、荃、蕙、薰、蘼芜、江蓠、杜若、杜衡、藒车、留夷等等，凡此种种，注解之人仅统称为“香草”。譬如“兰”，有人认为是都梁香，又有泽兰、猗兰之说，今以泽兰为正解。山间长有一种兰草，叶子像麦冬，春日绽放芬郁非常，这是幽兰，不是真正的“兰”。荪就是如今人们所说的石菖蒲。茝、药、虈、芷，同物异名，即白芷。蕙与零陵香、薰草为一物。蘼芜、江蓠便是芎藭苗。杜若即山姜，杜衡即马蹄香。只有荃、藒车和留夷，未能辨识。有朝一日当遍访诸地求香草的本体，栽植栏槛，命名“楚香亭”。

诗人下笔时，香草美人一如布帛菽粟，随手取之如同日常闲物。然泛舟湖泽之上时，方觉众生万物，能辨识者不足十之一二。虽说读《诗》《骚》或着眼教化、或意会神与，但不若能广而识之，终究有损韵致。惟愿天下志在诗、骚者，能踏足湘潭，追寻屈原的足迹，缘道于楚香亭。

水松叶

《南方草木状》记载：水松，叶子类似桧树叶但细长，分布在南海一带。当地产多种香料，但这种树不大有香味，所以当地没有人佩戴。五岭以北的人很喜欢，当地水松香味胜于南方。草木本无情，然栽种在不同地区香气有异，岂不是在不受认可之地收敛而在得到认可之地释放？万物之理难以穷尽啊。

“士为知己者死，女为悦己者容”，这是古语。今日更有一解：木为知己者香。

笃耨香

宋代叶庭珪所撰《香谱》记载：笃耨香出产自真腊国，也是一种树的凝脂。其树形同松杉，香脂藏于树皮内，树老后自然流出，颜色白而透明，（因香藏于树皮）所以即便在盛夏也不会融化。当地人取香后，夏天在树的周围点火炙烤，使树脂再次分泌溢出，等到冬季寒冷时凝结后收取，这就是冬凝夏融的方法。当地人用瓠盛装笃耨香，夏日在瓠瓜表面钻一圈孔，将它放在冰里，使其阴凉通风泄去暑气，得以不融。船夫将容器换为瓷瓶，效果不如瓢。笃耨香香气清远绵长，如与树的杂质融合则变黑，这是下品。香本性易融，因而夏日融化时渗透进瓠瓢，断瓢焚烧，亦得其法。即今所谓“葫芦瓢”。

这就是宋代宣和年间宫中珍惜的，每两值八十贯的“瓠香”。应可单独焚烧，气味清远温润，实乃妙品。然而因烘采过度，恐怕这种名贵的香材已经无以为继了。又闻波斯国产䣽齐香，当地人常八月采伐，冬日方抽出新条，如不剪除，香木反而会枯死。万物秉性总是出人意料，据此䣽齐香数量应该很多，实则又不然。

郁金香

《魏略》记载：郁金香，原产于大秦国，二、三月开花，形色似红蓝花，四、五月可采摘，郁金香草一贯十二叶，是植物中的精粹。

郁金有两种，《魏略》中说的是郁金花香。苏颂说郁金花香出自郁林地区，即现在广西、贵州及浔、柳、邕、宾各州。《一统志》记载的“柳州罗城县出郁金香”，就是说这种郁金香。另一种郁金的苗类似姜黄，花色白，根部泛红，秋末长出茎心，没有果实。这种郁金的根为红黄色，取周围分支的根去皮，火干后用。苏恭说这种郁金出自西方少数民族，苏颂说广南、江西的州郡也有，但不如四川一带的好。仅是叫郁金，根部也有微弱的香气。李时珍说：“用郁金草和酒，过去都说是大秦国所产的郁金花香，只有郑樵《通志》说是这种（姜科）郁金。先秦时，中原地区没有与大秦国联通，哪里有郁金香草？罗愿《尔雅翼》也说这是（姜科）郁金的根部，和酒可让酒色黄如金，所以称之为‘黄流’。这种说法讲得通。”我根据（姜科）郁金的根颜色呈黄色，性平，且质地厚重，有道“降神时焚烧艾蒿，上通阳神；祭祖时用郁金，下求黄泉”，故认为这里指的是郁金的根。如果是古乐府中提到的“郁金香”“苏合香”，那指的是（鸢尾科）郁金花香没错。

卷二

品香

《香笺》记载：万春香，皇宫内库所藏最好。龙挂香有黄、黑两种，黑色的价格更高，宫内所藏最好，刘鹤制作的也可。芙蓉香，京城刘鹤制作的最好。妙甜香，只有宣德年间制者佳，味道清妙幽远，令人喜爱。燕京市面上贩卖的妙甜香，坛子漆黑，白底上有烧造的年月，每坛有香两三斤，表面有锡制的罩子盖着，一斤一坛的才是真品。兰香，用鱼子兰慢火低速蒸出来的最香。牙香，成块的最好，最近有用木香裹在棍子上蒸成的，很低劣。白胶香，有明显条纹的最好。

这是明代末期流行的香谱。明代仁宗爱香，所以熔铸的香炉很多，受到近代人们的珍视。居上位的人喜欢的东西，下面的人会更加追捧，都城中市井小贩如刘鹤等人，便是以此立业闻名的。《香笺》中可以验证的内容，收录在本书第六卷《爇谱》中。

火山

《事文类聚》记载：隋文帝杨坚奢靡淫逸，每逢除夕之夜，便在宫殿之前的诸多院落内摆设火山数十座。火山都是沉香木根所造，每座都要耗费沉香数车，若火光渐暗，便用香料甲煎浇注。火山的烈焰燃起有数丈高，香味延至数十里，常常一夜就要用掉两百多车沉香，两百多石甲煎。

夏桀造酒池，大到可以行舟，酒糟堆成的土丘可至十里远，豪饮之人可达数千。可叹杨家未曾见到此种景象，如能见到，必当为之喝彩，称赞其高雅。相形之下，东昏侯为宠妃凿地成金莲，陈后主作《玉树后庭花》的靡靡之音，都未免太小家子气了。

降神百蕴香

《飞燕外传》记载：赵飞燕沐浴时用煮过各种香料香草的水，坐时用沉水香制成的座椅，焚香时用降神百蕴香。汉成帝曾私下对樊嫕说："皇后虽然身体有奇异的香味，但不如赵婕妤自带体香。"

百蕴，就是百和香的留存。汉武帝以此香迎接西王母，尚不以"降神"为名，成帝却名之为"降神"，转而供残害皇子皇孙的赵飞燕使用。沉水坐虽然是佳品，也不得不受屈与大门上的青铜铺首同等了。

詹糖香

《南史》记载：梁武帝大通年间，槃槃国上表进献菩提树叶、詹糖等香料。

詹糖入药并非常法，所以不多见，真正的詹糖香气清新雅致像茉莉花，也是妙品。

品字香

《清异录》记载：长安大兴善寺比丘楚琳，俗名徐理男，平生留意关心香料。庄严饼子，是供奉佛的供品。峭儿，是招待宾客时所用之物。旖旎丸，是日常生活享用的香。施主将这些都总结为：“琳和尚品字香。”

这个和尚十分了解香料，区别之处都能有所证悟，我没有见识过品字香，但能领略其中味道。

意可香

《海录碎事》记载：意可香，最初名为“宜爱”，有人说是南唐宫中所用之香。南唐有美人字宜爱，所以以此命名。山谷道人说：“此香很是不俗，然而名字有脂粉气。”改名字为“意可”。

香即便是美人焚烧使用，也不应有脂粉之气。山谷道人并非轻视美人，而恰恰是懂香。

闻思香

《山堂肆考》记载：黄山谷所论的香中，有一名为“闻思香”，取的是《楞严经》中观音菩萨所言：“从闻思开始修行，入住心于一境的不乱境界”，因此用“闻思”命名此香。

大概急躁的人闻香，只能感受到强烈峻猛的香气，这也是为什么急躁之人无法完全领悟名香静趣的原因。山谷通晓佛经中的内涵，此香定有静谧之味。

魏公香

《墨庄漫录》记载：我在扬州石塔寺时，有高僧拿出一种异香，说韩魏公喜爱焚烧此香。此香香气不凡，有如道家的婴香，但更为清烈。高僧传授了制作的方法：用半两角沉，一钱郁金香，麦麸一字与丁香一分同炒。上等腊茶一分，碾细之后分作两份。备麝香当门子一字，先点一半茶，沉淀之后取清汁，用它浸润研碎的麝香。再用三物之屑，将剩余的茶混合半盏进去。令众香料蒸透，放入涂有油的瓷器中，在地窖窖藏一个月。

这里的郁金香，应当用蜀地所产郁金，即类似姜黄，使用根茎部分的那种，所以是用炒。如果是郁林郡、浔州、柳州等地所产郁金香，则是入药所用，不可以炒。丁香、腊茶两种，分量疑有错误。

伊兰花

《杨慎外集》记载：伊兰花，佛经有云：天末香，是将伊兰花研成粉末焚烧，天竺国称为乾打香；天泽香是烧伊兰花的湿香，天竺国称为软香；天华香即用新鲜的花蕊、花露、花蕾供养，这就是佛经所说的“香风吹萎华，更雨新好者”。

一种物品分作三种用途，每一种都恰当，佛教斟酌调剂名香，和笔者一般谨慎多虑，因而有言“多情是佛心”。伊兰，又称赛兰，蜀地有此花。

柏

《清异录》记载：同光年间，秦陇的村野之人得到一种柏树，分解截断做成木板，制成器物，放置在不通风的屋室中，这时馨香的气味与沉水香十分相似。砍下树就焚烧并无香气，大概生性不适合遇火。此是浅色的沉香（密度较小质量较差的沉香）。

珍奇的树木时间长了必然有香气，何况柏树中本就有香柏，这大概是香柏中放置时间尤其长的一种，并非其他种类的树木。

木兰

《名义考》记载：世间相传有木兰舟，不知木兰是哪种植物。陶弘景说木兰形楠木，皮很薄，香味有刺激性。《司马相如传》中颜师古注云："木兰像花椒树，味香，可以用来制作面膏。"有人说木兰和桂树相同，有人说就是桂树的一种。《玉篇》记："欓，就是木兰。"

香味近似椒桂，焚烧的话气味未免过于辛烈，所以制作合香时不取用木兰。

白蕤

《五侯鲭》记载：白蕤是一种灌木，它焚烧的烟和其他树木不同，其烟笔直朝上如一条直线，高至数丈还不停止。

根据《文选》记载，“焚玉蕤，浣薇露。注：蕤，香也。”可能就是指的白蕤。大概是将白蕤与其他各种香料制成合香焚烧。薇露，指蔷薇露。

玫瑰

《花史》记载：宋朝时宫中采玫瑰花，掺杂龙脑香与麝香制作香囊，香气十分清新宜人。

《学圃杂疏》说：“玫瑰不是稀罕的花卉，然而颜色娇媚，香气旖旎，可食用也可佩戴，适宜在园林中普遍种植。”我很喜欢这几句话。

花腊

《清异录》记载：妇女尤其喜爱荼蘼花，在荼蘼花盛开时，将其采下夹于书册之中，等冬季少花季节取出佩戴于鬓发。这就是花腊了。

花中清丽芬芳的，都可以随时将其晒干放置，因为是书生逸事，古书中流传记载下来的较少，仅见于《清异录》中。

“花腊”二字雅致。

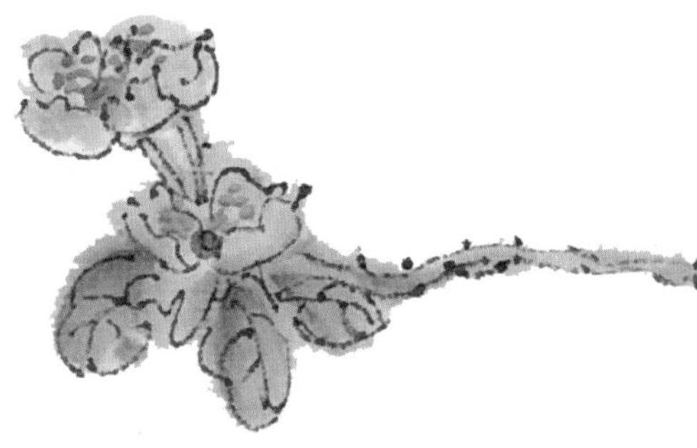

大西洋酴醾

《花木续考》记载：荼蘼，以海岛国家所产最好，西洋诸国的荼蘼，正如中原的牡丹。蛮地遭遇严寒天气，霜露凝结，附着于其他的花草植物，都结成“木稼”（木稼就是结霜的雾凇，用词很妙），没有特殊的香味。只有荼蘼花晶莹美好，花香袭人，如甘露一般。夷地女子用来润泽身体，涂抹头发，香味历经数月不消散。国人用铅饼加以保存，卖至别国。

荼蘼花卖到别国的，也是干花瓣。不知当如何收藏保存，想必其香亦非凡品。

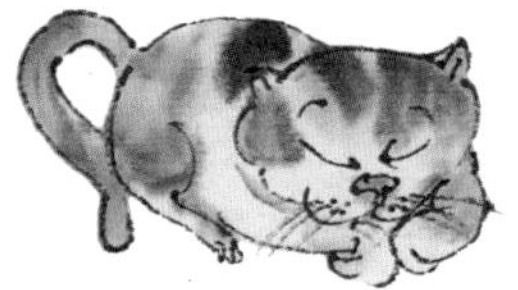

兰膏

《岩栖幽事》记载：凡是兰花，花蕊间都有一滴露珠，称作兰膏。兰膏甘甜芬郁不下于沆瀣，采取次数多则有损于兰。

这里说的是叶子像麦门冬的幽兰。幽兰品格气韵胜于其他花草，可与楚地的泽兰并重，而幽兰花蕊间凝结的花露，是花露中最为清冽馥郁的。因此《花木考》记载蜜蜂采集花露，都放在翅膀和足之间，只有兰花的拱在背上，进入蜂房献给蜂王。天地之间得花之真妙的只有蜜蜂，通过蜜蜂可以判定兰花的品质，所以江南人以兰花为香祖。

赛兰

蜀地有花名为赛兰，花朵金黄小巧，如同金粟。赛兰花香气极为浓郁，戴在发间，香漫十步以外，经日不散。杨慎说的佛经中所谓“伊兰”，就是这种花。伊，是西域语言中的尊称，因这种花沤郁无比，所以称为“伊兰”。

叫“赛兰”，也就是比不上兰。但佛经认为其香无匹，也许西域所产的赛兰，品质更胜于蜀地?

茉莉花

《格物丛话》记载：茉莉花喜欢温暖的地方，南方人分畦种植，六、七月开花。现在的人多采茉莉来熏茶（载于《雅志》），或蒸花瓣取香液代替蔷薇水（载于《香谱》），或将花捣碎成末，用来做敷脸的药膏（载于《王右丞诗注》）。茉莉花香令人喜爱，苏轼命名为“暗麝”。

张邦基在《墨庄漫录》中说茉莉清香芬郁，是花中之冠。今时福建地区的人用陶器种植茉莉，海运而来，浙江一带的人家用来观赏品玩。可见茉莉自宋代就开始由福建广东一带辗转到吴越，到今时，北方的省份也有。我在济南的莳花局中，看到每家的茉莉不下百余盆，都是从南方海运来的。可见某物闻名于世或是不为人知，自有其变换之时。还是说地气冷暖，真的有古今迁移一说？

制龙涎

《扪虱新话》记载：制作龙涎香，需要用素馨花。广中一带的素馨花只有蕃巷种的尤其香，有“用蕃巷花制作的龙涎香为正品”的说法。也有人说制作龙涎香没有素馨花，可用茉莉花代替。

按《群芳谱》记载，素馨花来自西域，枝干细长柔软，形似茉莉但更小。叶子纤细油绿，花有四瓣，纤巧瘦弱，有黄白两种颜色，需要用屏架将花枝扶起。制作龙涎香的方法不详。

玉簪

《农圃六书》记载：（玉簪花）还没有开放的时候形状似玉簪，花蕊中纳有少许花粉，女子清晨用花粉敷面，对化妆有很大帮助。

这个方法时常见人使用，有的说法是将花粉收纳在花中，一起蒸过之后使用更妙。又有《艺花谱》记载，取玉簪花的花瓣和面，加入少许糖霜煎食，香气清新味道雅淡，是美味可人的清供之物。玉簪花的宜人之处很多，香气也不俗。

桂浆

《谈苑》记载：桂浆，大概是如今用桂花酿酒。魏国有频斯国的使者来朝贡，壶中有凝脂般的浆水，名为桂浆，喝下可长寿。

《格致丛话》记载：“桂，就是梫木，也叫木犀和岩桂。”《埤雅》言“桂花有三种，一为菌桂，叶子类似柿子叶但更尖而油滑；二为牡桂，叶子类似枇杷叶但更大，《尔雅》所说的‘梫木，桂者’说的就是牡桂；三为桂，过去说的叶子像柏树叶，一年四季常青的桂树，就是这种。”《闽部疏》记载：“延平地区多桂树，香气浓郁能成瘴毒。在闽地南部的四个郡，桂树都是一年四季开花，花绽繁盛反胜过冬季。凡是四季开花且结实的是真桂，江南地区八、九月开花不结实的是木犀。”《离骚》中“杂申椒与菌桂”“桂酒”等语，说的应该就是桂浆。古人有酿造桂浆的方法，但不知道用的是哪种桂花。近代江南一带的人捣碎桂花作佩香，或者蒸桂花取香露，卖给北方，这些用的一定是木犀。

指甲花

《南方草木状》记载：有花名为指甲花，是胡人从大秦国移植到南海郡的。指甲花五、六月开花，花瓣纤细，颜色正黄，形态十分像木犀，花中有许多莲花蕊般的须丝，香气也和木犀很像。这种花的叶子可以用来染指甲，染出的红色胜于凤仙，由此得名。

根据《群芳谱》记载的“水木樨”，有可能就是说的指甲花。

松柏根

《虞伯生与朱万初帖》记载：高居于深山之中，香炉是必不可少之物。辞官休息已久，缺乏好的香料。有人取了老松柏的根、枝、叶、果实捣练，与研碎的枫香脂掺在一起，每每焚烧一粒，都能助清简生活之兴。

此香尽管不是绝佳上品，却是很有格调的。擅于品香之人，定是取其深远的意味，这意味不仅仅在于香炉中的缕缕青烟。

山林穷四和香

《壶中赘录》记载：山林穷四和香，是用荔枝壳、甘蔗渣滓、干柏叶、黄连混合焚烧，又加入松球、枣核、梨核，妙哉。

往日徐杏村写信问我，想要制作这个香方，我回信告诉他："宋代张邦基曾经说，荔枝壳不可以焚烧，会引来尸虫，并且这个香的方子里面诸多物品，都是杂乱无味，不足以深品的。"不知道杏村是否有制作此香。

卷七

香炉考

香炉的制造始于汉代，制造的规矩、标准，大都以博山炉为首。博山是海上的仙山，香炉的制作拟其山形，有数层。炉下有盘用来接藏热水，水汽蒸腾氤氲，香炉隐约其间，观之如幻象蜃影，不可名状。炉上雕铸飞禽走兽，于水雾中时隐时现如同走动，似乎与香雾缠绕旋转。《西京杂记》记载："长安城的丁缓制作九层博山香炉。"说的就是这种香炉。香炉最古早且具法度的，非此莫属。其后汉成帝时，赵合德送给赵飞燕的物品中，就有五层金制博山炉。《晋东宫旧事》载"太子的衣着器用中，有铜制博山炉。""皇太子纳妃，有银涂装博山炉。"到唐代开元年间，都城中富豪王元宝有七宝博山炉，也遵其法度。

然而自汉代以后，香炉的型制逐渐有所不同。曹操的《上杂物疏》有："御物三十件，有纯金香炉一枚，自带下盘。皇太子有纯银香炉四枚，西园贵人铜香炉三十枚。"《邺中记》言："后赵武帝石虎冬月起两重帷帐，四角安放纯金银错镂花香炉。"《梁四公记》载："梁武帝有一重五十斤的金香炉，用六根丝带系起悬挂。"《演繁露》中有镣炉，镣炉就是白银浇铸作装饰的香炉。南朝梁沈约有辟尘炉。以上各种香炉，不提“博山”之名，大概是逐渐有变化但不离古制的香炉。

又考辨《朝野佥事》，记载安乐公主造炉一事：“洛阳昭成佛寺里，有安乐公主令人制造的百宝香炉。香炉高三尺，开四门，炉上雕饰红桥勾栏，飞禽走兽，又有天女乐师，神兽飞仙。炉上纹饰缠绕连挂，鬼斧神工，雕刻镶嵌极为精致，形态窈窕轻盈美好。珍珠、玛瑙、琉璃、琥珀、玻璃、珊瑚、砗磲等一切库藏珍宝，并用钱三万，尽付炉上。”《香谱》记载一种“香兽”，“将镀金器物做成狻猊、麒麟、凫鸭等形状，器中镂空来点火爇香，香从兽口中冒出，喷烟吐雾，是很好的赏玩器。”《焦氏类林》记载：“李煜的皇后小周后居住在柔仪殿，殿内有主管香的侍女，其香器有把子莲、三云凤、折腰狮子、小三神、卍字金凤口罂、玉太古容华鼎等数十种，都是金玉制成。”此是香炉中极尽奢华的一种。至于天地幻化、鬼神灵异留下的神奇物什，就不是平常测度可以理解的了。

比如《玉堂闲话》中记载：“新浙县的真阳观内，有方修元斋。忽然有一香炉从天而降，香炉高三尺，下有盘，盘中绽出一枝莲花，莲花有十二枚叶子，每片叶间都有一物隐隐露出，那就是十二相属。炉顶上有一仙人，头戴远游冠，身穿云霞羽衣，仪态端庄。仙人左手支着下巴，右手垂放于膝，坐在一小块磐石之上。石头上雕刻有花竹、流水、松桧等形状，雕琢奇妙，不是人工能够做到的。道人都将此炉叫做‘瑞炉’，其色如同金子，轻重变化不定。平常大概重六七斤，而有人来盗炉时，却几个人都无法将炉举起。至今仍存于观内。”又有《稗史类编》记：“嵊县的僧人锄地时挖到一块砖，上书‘永和’二字。接着挖掘得到一个铜器，就是如今的香炉。这座香炉有盖，盖上有形同小竹筒的三足，中空与炉外相通，筒端各有一只飞鹤。炉子的底部也有三足，另外还有盘承接。”以上两种香炉，款制尤为奇特。总之过去的炉器必然有盘。沈存中论述，过去的香炉多数雕镂底部，先在炉中点火，再将灰盖在火上，火就会炽盛难灭，维持很久。

又为了防止炉体过热，灼坏席子，所以用盘存水，浸湿炉足降温，且能接凋落的灰屑。这是自古以来的规制，各家都有师法传授。

到了宋初，遵守古法的铸工仍不敢有悖。所以《事物绀珠》所说“印篆盘焚香具”，还是指古法香炉。然而当时全国上下都崇尚瓷器，因而香炉也用瓷打造。按《香谱》：“香炉以官窑、哥窑、定窑、龙泉、宣铜、潘铜、彝炉、乳炉几品中，大小如茶杯，款式雅致的为上等。”此间没有提到底盘，可见香炉的型制规矩，到了宋代一变古法，宋瓷炉实际上是宣德铜香炉的起源。

香炉，是蓄燃火焰的器物。火力猛烈炽热，铜就越炼越纯粹，而瓷炼烧久了可能会开裂。所以明宣德年间官制香炉，必用铜铸而仿宋瓷炉的款式。宣德炉至今存世的不少，而熔铸工匠为了得利，假冒宣德炉的款识，伪品充斥市场，致使收藏赏鉴香炉的人求珠于鱼目之中，实在可恨。《妮古录》说：“宣德年间两宫起火，库藏金子熔化，流入铜中，再用混合金子的铜熔铸香炉，所以后世伪造的香炉不能相比。”我个人怀疑这个说法。又考据《博物要览》：“明宣帝想要锻造香炉，问铸工：‘炼铜用什么方法最好？’铸工上奏说：‘炼六次则呈现奇光宝色，不同于普通的铜。’皇帝说：‘炼十二次。’熔炼十二次后，将铜条列在钢铁制作的筛格之上，用火炭加以熔化。铜中精粹的部分先化成铜水滴落，用来铸宣德炉。留存筛格上的铜料，是剩下的渣滓，用来做其他器物。这就是宣德炉之所以独独为世间所珍视。”这种说法比《妮古录》的可信。

赏鉴宣德炉，先分辨铜的质地。宣德铜炉质地精粹，浑然入骨，光华遍布炉身而不耀眼，或斑驳，或本色，观之自然有磨洗不掉的灵气，不能以铜的轻重薄厚评判。其次看制造手法。三代祭祀的彝、鼎上，篆刻云雷花纹，雕琢珍禽异兽，没有一处线条有疏忽，随器物的形状安排布置，十分细小的地方都有其无可挑剔的道理，而精神意念都贯注在作品中。宣德炉也是这样。大概因为盛极一时、技巧高明的宗师工匠，都殚精竭虑，争相尽人官物曲之能事。到今日，宣德炉或在人间传承，或发于地下，以它的幽古纯粹，怎能不贵重呢?

根据《博物要览》，宣德年间的官制铜器，以炉鼎为主。炉的型制有分辨、色泽有分辨、款识有分辨。取制式优美的香炉，置于几案之上，与书房相宜称。可入手赏鉴的香炉，如鱼耳炉、鳅耳炉（又叫蚰蜒耳）、乳炉、百折彝炉、戟耳炉、天鸡彝炉、方员鼎、石榴足炉、橘囊炉、香奁炉、高足押经炉，以上诸多款式，都是上品，值得欣赏品鉴。而角端炉、象鼻炉、兽面炉、象头炉、扁炉、六棱四方直脚炉、漏空桶炉、竹节炉、分裆索耳炉、马槽炉、台几炉、三元炉、太极炉、井口炉，以上型制的香炉品格低劣俗气，虽然也属于宣德铸品，但都是下等器物。宣德炉中如鱼耳炉、蜒耳炉、押经炉等，多有炉耳，大概是因为宣德炉多模仿宋代名窑的瓷器。其中有些炉，炉身和耳之间距离很近，没有空间修饰加工，于是另铸炉耳，打磨后再钉入炉身，尺寸才合适。有钉耳的炉很多是伪造的。宣德炉铸耳，两边不对称就毁掉重新铸，留存下来的十个中也未必有一个。所以像鱼耳、蜒耳这样的香炉，真正是宣德炉的十分难得。而伪造者，仅仅是一味钉上炉耳罢了。（以上论述的是宣德炉的型制。）

宣德炉的色泽不一而足。模仿宋代烧斑色，是宣德初年之色。承袭永乐炉的蜡茶色，是宣德中年的颜色。大概因为宣德中期，掌握炉色的技艺更加精巧，认为烧出的斑色会掩盖铜本身的精华，于是崇尚炉本身的铜色，用西域来的硇砂擦拭浸洗来得到本色。像藏经纸一般的颜色，是宣德末年的。铜炉本色越淡，铜的质感就越彰显。所以后人评判宣德炉的颜色有五等，以藏经纸色为最佳，其他四种分别是栗色、茄皮色、棠梨色和褐色。香炉鎏金，次于用其铜本色，因为金掩盖了铜的质地。鎏金炉中，炉腹以下鎏金的，叫“涌祥云”，炉口以下鎏金的，叫“覆祥云”。又有鸡皮纹香炉，呈覆手色，是冶炼太久造成的。这种炉上的痕迹如同鸡皮，摸起来却感觉不到什么。

香炉本色经历灾厄有两次。一是嘉靖、隆庆年间，有“烧斑厄”。当时崇尚烧斑，有的人取出呈本色的宣德炉，重新加工烧斑。二是近来的“磨新厄”，因过度追求铜质地的显露，取本色炉打磨一新，甚至有人过一年后再次打磨。还有一种说法，认为宣德铜炉中以蜡茶、鎏金二色为好。蜡茶色，是通过浸泡、擦拭等方法，使水银浸入铜中，熏蒸洗练做成的。鎏金，是将金子熔成金泥，多次涂抹炉身，再火烧成金赤色制成。二者造价昂贵，哪里是民间可以仿制的？所以宣德炉唯有色泽无法伪造。真正的宣德炉，色泽虽暗，但奇光内含。远观时好像柔软到可揉捏，而近看时细腻如同皮肉。宣德炉内里蕴含火彩，焚香时色彩绚烂多变。伪造的宣德炉虽然外表光彩夺目，但内里质地却疏松枯槁。（以上论述的是宣德炉的色泽。）

炉的款识也有分辨。宣德炉的款识为阴印阳文，以楷体书写“大明宣德年制”，字迹完整，质地平整光润，与炉身的颜色相同，没有经过雕刻和熏制的最好。有的真品宣德炉没有款识，是用来呈给皇上过目的样炉。宣德时制造香炉的人，在每种香炉铸成后，不敢直接铸款，将样炉呈给皇帝，准许使用后，才依照样式锻造印款。这种香炉制造和品质都十分精美，流传到现在。有人因为有款识更容易出售，遂将质地、色泽与之相似的其他宣德铜器的款识取下，凿开无款炉后，将款嵌进去。其接缝在款识的四周边缘，要翻过来仔细查看，才能察觉有微小的痕迹。（以上论述的是宣德炉的款识。）

这就是宣德炉的大体情况。此外又有银囊和滚毬，也是香炉一类。《名义考》记载："银囊是帐中用的香炉。滚毬是被中用的香炉。"《西京杂记》有云："长安工匠丁缓制造卧褥香炉，又称被中香炉。这种香炉原本出自上古防风氏，造法后不传，到丁缓方重新开始制作。被中香炉四周机环围绕，使得炉体始终保持平衡，可以放在被褥中，以此命名。"《庶物异名疏》记载："《美人赋》写道'金鉔薰香，黼帐低垂。'又《纬略》载李义山诗'锁香金屈戌'，'金蟾啮锁烧香入'，说的都是这种香器。所说的'锁'，大概是帷帐之中使用的鼻钮。丁缓制作卧褥香炉，也就是今天的香球。而金鉔锁香说的也是类似的东西。"《留青日札》说："今有镀金香毬，外形类似浑天仪，而其中有三层机关，轻重平均配布，使香球圆转不停，可以放在被中而火不被盖灭。香毬外部雕刻玲珑花卉，青烟从四周冒出。”据此可知，香毬也是很早以前就有规制，只是不能放在几案上称为雅物。又有鹊尾香炉。《事物原始》中有苏轼的诗“夹道青烟鹊尾炉”，大概就是如今的长柄香炉，最近也不多见了。

近年来，云南南部有人新创造一种香炉，名为“生铜炉”。其制式也是仿照宣德炉，而不雕刻纹饰镂绘花样，没有款识，炉身自然发出耀眼光彩，光纹大小错落，如同瓷器的冰裂纹，又如同用雨花石砌在墙壁间的样子，大有炉之真色。有人说这是将精铜放在水中加热，趁热用铁锤打造而成的，这种说法恐怕不足为信。这种香炉骨骼精奇，品质名贵，光彩陆离，不在宣德炉之下。价格也不便宜，即使是云南境内也不可多得。自从宣德以来，四百年熔铸铜炉的精品，只此一件。

蓄炉

财力雄厚的人家，收藏香炉不难按图索骥，广收宣德炉中的佳品。清寒儒士，财力不足，但清雅的志趣不能折损，只选择铜质精细，款式雅致的香炉蓄藏，进而通过勤烧、勤洗、勤擦，补救其不足之处。时日长久，铜的肌理细润，真灵之气由骨骼发出，也十分值得观赏。一般早上起来，洗漱过后，要打扫房屋，整理笔墨纸砚。都处理完毕后，就可以取出香炉点火。火生，用薄灰轻盖，等火彻底燃起，不再熄灭，便在上面加隔火片和香煤，继而焚香。成火可以焚四五枚香饼，一枚烧尽后，隔一阵再添加，香气终日绵延不绝。到夜晚睡觉前，必须将炉中的灰清出。先用白布缓缓擦拭，将一天中烧出的灰屑都擦到布上，直到白布变得黝黑。然后煮乌梅水，将香炉洗过后浸泡一夜。第二日早上取出，再用白布用力擦拭，使一夜浸出的杂物沾到布上。其后加灰点火，如前文一般焚香。这是用本色铜炉焚香的方法。

隔火

古人在香炉中使用隔火片，是很妙的方法。大概除了如龙涎香、甲煎等，需要用烈炭猛火直接焚烧来激发的香料，其他香料即便如沉香、降真般坚实，尚且不可着猛火，何况零藿之类虚脆干燥的香料呢？所以隔火片，是用来中和融洽香与火之间的性味，从而使二者酝酿一体，相辅相成的。按《香笺》记载："隔火用银钱、云母片、玉片、砂片都可以。"又说"用银钱大小的火浣布，周围镶嵌银丝作为隔火片，非常难得。"我认为不如将不灰木捣碎，用糯米糊混合均匀，捏成薄片，在上面随意镂刻些花纹，十分符合焚香法。又按《香笺》："一般盖上隔火片后，炭容易熄灭，需要用香筷在炉灰四周直直地插数十个小眼，让火与空气相通，方能周转。炉中不能断火，即使不焚香，也要让它长时间维持温度，方能有意趣。而且灰干燥的时候更易燃烧，称为灵灰。香料焚烧剩下的小块，用瓷盒或者铜盒收起，可以投放到火盆里，来熏蒸烘焙衣服和被。"

香盒

香盒，是盛放香料的器物。《香笺》称有一种“宋剔梅花蔗缎盒”，此香盒以金银为质，分层涂以五色漆，深深浅浅剔漆雕刻，随着底色变化露出不同颜色，譬如红漆刻花、绿漆雕叶，及黄心黑石之类，精美可观，令人夺目。香盒有定窑、景德镇窑的瓷盒，有内存三五小盒的日本泥金漆盒，又有可随身携带的日本多层香盒。香盒必以封口紧密，不泄露香气的为妙。我认为，香盒是小玩意，不必过于追求品质，但也不可不蓄藏几个，随时贮香使用。如果只是存放普通的香饼或柱香，那么香盒选用雕漆、竹刻、花榈、紫檀等均可，简朴雅致，又不易损坏。至于适合湿烧的香料，则必须用玉盒、瓷盒贮藏，才能保存香料的滋润。香盒当量力收藏储备，以款式雅致为主。

香煤

香煤，将茄子秆烧成灰，挑拣干净，用洁净干燥的器物贮藏留待使用。每次烧香时，等炭烧热后放入炉中，用灰覆盖。待灰炭温热不灭，上面放隔火片。隔火片加热好后，上面摊薄薄一层香煤，一钱大小。香放在香煤之上，静坐等待，香气自然缓缓而至，毫无焦燥火气，而灰也温润起来。

炉灰

《遵生八笺》记载了使用炉灰的方法：“取纸钱灰一斗，加二升石灰，用水拌和成团，放入大灶中烧红。取出后研磨到最细的程度，放入炉中使用。不可使火星和不好的炭混入灰中。”又云：“用茄子蒂烧灰的说法，此法不妥。”我认为，用茄子蒂的方法，也就是香煤的意思。煤，也就是媒介。大概因其性与火相宜，故能成为香和炭和谐融洽的媒介，使火安缓不急。古人对事物的体会是如此精妙。

香炭击

将鸡骨炭碾成粉末，放入葵的叶子或花瓣，加入少许糯米粥汤混合，用大小不一的铁锤敲打成饼状，越坚实越好。可以焚烧很久。也可以用红花楂代替葵花叶。

炭击加香法

将烧透的炭放入炉中时，先把炉灰拨开，只埋一半的炭，不能直接用灰盖住炭火。要先用生香焚烧，称为“发香”，这是为了防止炭击因香的焚烧而熄灭。等香燃烧，再用香筷把炭埋进去，四面和上方都用灰拥盖起来，约五分厚。根据火的大小，在灰上放隔火片，再放上香煤和香料，则香味幽然散发。这是古人烧香固定的方法，不可不知。

制蜜

这是制作合香用蜜的古法。蜜是百花的精华，它对于香的意义，在于先天的秉性，所以不求于味而求于合理使用。香品忌干燥，而蜜本身湿润，尤其适宜，但使用时不能过浓，需用细茶浓汤调配，则清与润相互调剂，合乎法度。

炼法：挑选沙质白蜜微火炼开几次，不可过火。如果有苏合油，则每斤蜜中加入二两一同炼制，收起备用。另外一种方法：挑选质量好的蜜，用棉网过滤，放入瓷罐内，每斤蜜放三两苏合油，紧实捆住，放入釜中用隔水煮一天。冷却后取出，再煎开几次，将水汽析出。几年都不会坏。我认为隔水炼蜜，是很好的方法，可以避免有焦气。

窨香

合香制成后，用没有裂纹的瓷器盛装，用蜡纸封口，打扫地面，埋入地下五寸左右，存放一个月。有人说存放越久越好。

治茅香

大凡处理茅香，需要挑选好的材料挫成细末，用酒和蜂蜜的混合液浸润一晚，也可以放入茶水。而后炒至呈红色且干燥为止。

治藿香甘松零陵排草之类

处理藿香、甘松、零陵、排草之类虚燥的材料时，需要去除枝茎，晒干揉碎，荡去尘土。不能用水洗，热水恐怕会损害香料。

治檀香

处理檀香，需要挑选真香，挫到米粒大小，小火慢炒，到烟气呈紫色为止。另一种方法：用上好紫檀一斤，切成薄片，与好酒二升一同用慢火煮，稍微翻炒一下。

青烟录
原文
雅趣小书

马慧裕序

人有得其性之所嗜，氤氲融洽于其中而莫可释，则虽功名声望之所在，皆不得一分其参究考据之功。顾使其所嗜者不足以见其人之品格性情，则虽极参究之精，考据之确，亦不足笔之于书，而使天下之同好者，咸相赏于风潇雨晦、斋居一室之时。此其道非可以强致而幸得者也。

并州[①]王子以诸生[②]，精医术，尤爱黄老之学[③]。夫儒者，功名声望非无可传者，乃独沾沾于千亩香林，岂其深有得于清静无为之旨，所为参鼻观[④]而证妙谛者，在此而不在彼乎？每当风雨斋居，试披

【注释】

① 并州：今山西太原。

② 诸生：即生员，俗称秀才。

③ 黄老之学：战国、汉初道家黄老学派的学说。道家尊传说中的黄帝与老子为创始人，故名。

④ 鼻观：此处双关。一指嗅觉，即香之道。二指佛教观想法，语出《楞严经》，是佛家禅定功法的修行原则。

览其书，觉其人之品格性情，悉从香海中超出于阎浮提[1]界矣。如仅赏其参究考据之精且确焉，则艺苑所传茶之经也，酒之史也，与夫兰之谱也，菊之疏也，所以艳见闻而资骚雅者，岂少也哉！

嘉庆岁次乙丑十一月

三韩[2]马慧裕[3]题于大梁[4]节署[5]澄怀堂

【注释】

① 阎浮提：佛教地名。为传说须弥山四大洲之南洲。阎浮，树名；提，意为洲。阎浮提后泛指人间世界。

② 三韩：今辽东一带。

③ 马慧裕：字朗山，隶属正黄旗，祖籍铁岭。乾隆三十六年（1771）进士，官至礼部尚书。

④ 大梁：今河南开封。

⑤ 节署：官衙。马慧裕时任河南巡抚，驻地在今开封。

凡例：青烟散语（节选）

古人未有香时，已尽用香之理。《尚书》至于岱宗[①]，柴望大告武成[②]，《礼记》燔柴于泰壇[③]，《周礼》升烟燔牲首[④]，皆是焚柴升烟以降神也，后世烧香本此。

烧香起于佛道。李相之《贤已集》[⑤]谓烧香始

【注释】

① 《尚书·虞书·舜典》："岁二月，东巡守，至于岱宗，柴。"柴，古代祭礼之一。指烧柴祭天。

② 《尚书·武成》："越三日庚戌，柴望，大告武成。"柴望，古代两种祭礼。望，谓祭国中山川，泛指祭祀。

③ 《礼记·祭法》："燔柴於泰坛，祭天也。"孔颖达疏："谓积薪於坛上，……置柴上燔之，使气达於天也。"泰壇，古代祭天之坛，在都城南郊。

④ 《周礼·春官宗伯·大宗伯》："以实柴祀日、月、星、辰。"贾公彦疏："然则升烟之节盖无燔牲，但祭天升烟歆神之后，疑当复有实柴之礼，实柴则有燔牲。"实柴，古代祭礼。把牲畜放在柴上烧烤，用来享祀。

⑤ 宋李端彦撰《贤已集》，共三十二卷。

于佛图澄[1]。襄国城堑，水源暴竭。石勒问澄，澄曰："今当敕龙取水。"乃烧安息香，咒数百言，水大至。又《三国志》孙策谓张津"著绛帕头，烧香读道书。"又《江表传》"道士于吉来吴会，立精舍，烧香读道书。"[2]则汉末道家已用之，不自图澄始也。又按《汉武故事》"浑邪王杀休屠王，以其众来降，

【注释】

① 佛图澄（232—348），西晋末、后赵时僧人。本姓帛，西域龟兹（今新疆库车一带）人。西晋怀帝永嘉四年（310）东来洛阳，以方术取得石勒的信任。此后，佛教大为盛行。

② 《三国志·孙策传》注引《江表传》："时有道士琅邪于吉，先寓居东方，往来吴会，立精舍，烧香读道书……策曰：昔南阳张津为交州刺史，尝着绛帕头，鼓琴烧香，读邪俗道书。"

得其金人之神。其祭不用牛羊，惟烧香礼拜。”则烧香始于佛家可知也。高似孙《纬略》亦云。

香犹人也。不可浓，浓则近浊；不可甜，甜则近俗；不可轻，轻则近浮；不可燥，燥则近鄙。澹焉若不知其所来，来之淳温，若有与立；徐徐焉去，而遗味袅于依稀仿佛间也，是谓清韵之选。沁心于静，故知香者可以辨物。

香之宜称，曰静坐，曰著作。其于时也，宜春秋佳日，宜冬，宜雪夜。其于地也，宜名山，宜书馆，宜禅榻，宜船舫。其于人也，宜风雅富贵，宜寒素，宜空谷佳人，宜高僧炼师[①]。其于事也，宜筮易，宜读快书，宜讲《太玄经》[②]，看《庄子》，宜临帖，

【注释】

① 炼师：旧时认为道士懂“炼丹”之法，故称之。原指德高思精的道士，后作一般道士的敬称。

② 《太玄经》：汉代杨雄撰。以老子之道中的“玄”为中心，是汉朝道家思想的继承和发展。

宜烹茶，宜清谈，宜考订金石[1]。其于声也，宜鼓琴，宜吹洞箫，宜敲棋，宜微吟《离骚》及陶渊明诗集，宜檐树间自来鸟，宜捣素。至于花晨月夕，玉管冰弦，皓齿青蛾，舞裙歌扇，或杯盘狼藉，有酒如渑[2]，坐上豪客如云，揎袖[3]放饮于烛影摇红之下。此时焚香，非不佳也，却减韵致。

才欲雅，便是俗处。才欲高，便是卑处。才欲清，便是浊处。比之妙香，只在有意无意间旖旎，人燥心者却是不解。

焚香最宜读书。若展卷时，便满腔子是揣摩入彀[4]心，此人必不焚香，且香先不愿为此人焚也。

【注释】

① 金石：指古代镌刻文字、颂功纪事的钟鼎碑碣之属。

② 有酒如渑（shéng）：出自《左传·昭公十二》。晋昭公与齐景公投壶，齐景公说：“有酒如渑，有肉如陵”，言酒如渑水般流泻，后比喻奢靡的生活。渑，渑水，位于山东省，发源于春秋时期齐国境内。

③ 揎（xuān）袖：捋起袖子露出胳膊。

④ 入彀：比喻人才入其掌握，被笼络网罗。亦指应进士考试。

气之芬者，诸香为上，花次之，果品又次之。何也？香，清轻为体者也，花兼色，果兼味，兼则夺，夺则不纯。故香也者，自有而之无，主于伸，神之属也。花与果，自无而之有，滞于色象，人之属也。且花与果之香，纽于一成而不变，而香则可以酌剂而损益之，故尚臭者贵香。

凡大千世界中一切众生，或荐绅[①]先达，或慧业[②]文人，或高僧高道，或美人，或名妓，有能得香中静趣者，其人必不俗。不必同世同时，愿附于知音之末。

【注释】

① 荐绅：缙绅。古代高级官吏的装束。亦指有官职或做过官的人。

② 慧业：佛教语。指智慧的业缘。

是书中间有一二条重出者，如石叶香之类。其在一卷为备典，在四卷为备名也。从其详不从其略。

是书以焚爇为主，若香泽、衣香、佩香之类，不过连类偶及之，亦有偶入疗疾一二方，皆非正文，阅者毋嗤其未备。

是书以焚香细事，本不欲雕梓问世，因薄游[①]大梁谒中丞马朗山先生，先生问近来所著何书，见《青烟录》喜之曰：“子之性情品格在是矣，不可不授之梓。”并赐以序。一时郑朴亭明府、竹泉吴子，咸怂恿之。竹泉又出资若干，相与恭校。阅月而事竣，因并纪之。

啸岩并识

【注释】

① 薄游：为薄禄而宦游于外。有时用为谦辞。

卷一

香说

《演繁露》[①]：秦汉以前，二广[②]未通中国[③]，中国无今沉、脑等香也。宗庙焫萧[④]，灌献尚郁[⑤]，食品贵椒，至荀卿氏方言椒兰[⑥]。汉虽已得南粤[⑦]，

【注释】

① 《演繁露》：宋代程大昌撰。记载三代至宋朝杂事。共十六卷。

② 二广：宋代指广南西路与广南东路。即今广西壮族自治区与广东省。

③ 中国：泛指中原地区。

④ 焫（ruò）萧：焫，古同“爇”，意为点燃、焚烧。萧，即艾蒿。古代宗庙祭祀时行焚烧艾蒿之礼。

⑤ 灌献尚郁：灌献，古代祭祖礼仪，天子祭礼“十二献”之一。郁，指郁金，详见“郁金香”条。此二句于明代周嘉胄所著《香乘》中载为“宗庙焫萧茅、献尚郁”，盖传抄有误。

⑥ 荀卿氏：荀子（约前313年—前238年），名况，字卿，战国末期赵国人。言椒兰，指《荀子·礼论》：“刍豢稻粱，五味调香，所以养口也；椒兰芬苾，所以养鼻也。”秦汉前，香料的品种限于萧、郁、椒等，使用以祭祀、饮食等实用功能为主。荀子在《荀子·礼论》注意到香道馥郁养鼻、颐养身心的作用。

⑦ 南粤：亦作“南越”，国名，秦末赵佗建立，汉武帝元鼎六年(公元前111年)灭亡。

其尚臭[①]之极者，曰椒房、椒风[②]。郎官以鸡舌奏事而已，较之沉、脑，其等级之甚下不类也。惟《西京杂记》载："长安巧工丁缓作被下香炉"，颇疑已有今香。然刘向铭博山炉[③]，亦止曰"中有兰绮，

【注释】

① 臭：香；香气。

② 椒房、椒风：椒房，指汉代椒房殿。椒风，汉宫阁名，为昭仪所居。此二者后泛指妃嫔住处或后妃。

③ 刘向：（约前77年—前6年），原名更生，字子政，西汉楚国彭城（今江苏徐州）人，西汉经学家、史学家。博山炉，两汉时期焚香所用的器具，以炉体呈山形，象征海上仙山"博山"得名。

青火朱烟”[①]。《玉台新咏》说博山炉，亦曰“朱火然其中，青烟飏[②]其间。香风难久居，空令蕙草残。”二文所赋，皆焚兰、薰、蕙而非沉、脑，是汉虽通南粤，亦未见粤香也。《汉武内传》载“西王母降，爇婴香[③]”等，品多名异，然疑后人为之。汉武奉仙，穷极宫室、帏帐、器用之丽，《汉》《史》传记不遗。若曾创有古来未有之香，安得不记？

此论极允当。汉武好事，故后世儒者往往藉以骋其荒邈之论，使读者如坐黑雾中，迷闷不怿[④]，得此可以一快。

【注释】

① 青火朱烟：《艺文类聚》《陈氏香谱》等皆为“朱火青烟”，疑《青烟录》刻录有误。

② 飏（yáng）：同“扬”，飞扬，飘扬。

③ 爇（ruò）婴香：爇，焚烧。婴香，宋代流传的一种和合香配方。

④ 怿（yì）：欢欣。

弱水国贡香

《博物志》[①]：汉武帝[②]时，弱水[③]西国有人乘毛车[④]以渡弱水来献香者。帝谓是常香，非中国之所乏，不礼其使。留久之。帝幸上林苑[⑤]，西使至乘舆[⑥]间，并奏其香。帝取之看，大如鸾[⑦]卵三

【注释】

① 《博物志》：西晋张华编撰。中国古代神话志怪小说集，笔记体。共十卷。

② 汉武帝：汉武帝刘彻（前156年—前87年），西汉第七位皇帝。

③ 弱水：西域的某条河流，一说即张掖河。

④ 毛车：疑为用动物毛皮制成的皮筏。也称“氄车”。《十洲记·聚窟洲》：“乘氄车而济弱渊。”《说文解字系传》：“毛，氄也。”氄，同“橇”，古代行泥路乘具，形同船而短小。

⑤ 上林苑：古宫苑名。秦旧苑，汉初荒废，至汉武帝时重新扩建。故址在今西安市西，今已无存。

⑥ 乘舆：古代特指天子和诸侯所乘坐的车子。

⑦ 鸾：传说中凤凰一类的鸟。《说文·鸟部》：“鸾，亦神灵之精也。赤色，五采，鸡形，鸣中五音，颂声作则至。”

枚，与枣相似。帝不悦，以付外库[①]。后长安中大疫，宫中皆疫病，帝不举乐。西使乞见，请烧所贡香一枚，以辟疫气。帝不得已，听之。宫中病者，登日并差[②]，长安中百里咸闻香气，芳积九十馀日，香尤不歇。帝乃厚礼发遣饯送。

此条较李石所载返魂之说[③]，稍觉近理。疫，天地之不正气也，医家谓之虚气，其来也无时，乘虚而入，故中者皆病。香以数千年水木之精，借火之力[④]，而达其真烈之性，虚邪凝浊，无不立解，亦犹医家香散、温散之法也。

【注释】

① 外库：宫外的仓库。与内库相对。

② 差（chài）：病愈。后作“瘥”。

③ 指李石所撰《续博物志》中记载的“返魂香”条。

④ 火之力：“五行”中火为炎上，炎盛而向上，有促使生发的作用。此处不仅叙述烧香，更强调五行相生。

蘅芜香

《拾遗记》[1]：汉武帝息于延凉室，卧梦李夫人，授帝蘅芜[2]之香。帝惊起，而香气犹著衣枕，历月不歇。

按：蘅，杜衡[3]也。一名楚衡，即杜若也。芜，芜蘼[4]。一名薇芜，即江蓠也。《离骚》"杂杜衡与芳芷"，盖杂杜若、江蓠之类以为佩香[5]也。

【注释】

① 《拾遗记》：十六国前秦王嘉所撰志怪小说集。全书共十卷，又名《王子年拾遗记》。

② 蘅芜（héng wú）：由杜衡和芜蘼提炼的合香。

③ 杜衡：即杜若。香草名。多年生草本植物，高一二尺。叶片长椭圆形，顶端长渐尖，味辛香。夏日开白花，果实蓝黑色。

④ 芜蘼（mí）：又名江蓠、薇芜。香草名。苗似芎藭（qióng），叶似当归，香气似白芷，古人常用来做香料或香囊的填充物。

⑤ 佩香：供佩用的香块。用金玉镶孔制成。

遥香草

《拾遗记》：岱舆山[1]有遥香草，其花如丹[2]，光耀入月。叶细长而白，扇馥数里，如忘忧之草[3]。花叶俱香。

神灵之境，珍奇之产，当必有见闻所不及者，宁独此一物哉。然无所考，可存其名。

【注释】

① 岱舆山：传说中渤海之东的仙山。

② 丹：指丹砂，即朱砂，硫化汞的天然矿石，粉末呈红色，经久不褪。

③ 忘忧草：百合科萱草属年生草本植物，民间又称黄花菜、黄草等。叶呈狭长带状。

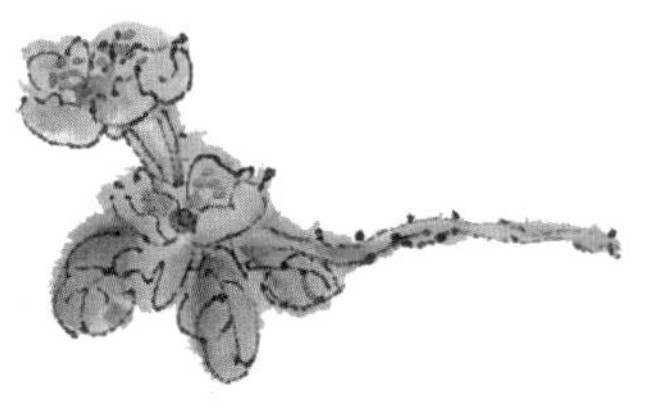

返魂香

《续博物志》[①]：返魂香。东方朔[②]曰："月氏国[③]使者献香曰：'东风入律[④]，百旬不休。青云干吕[⑤]，连月不散。'意中国将有好道之君，故

【注释】

① 《续博物志》：李石撰文言笔记小说集，继张华《博物志》后的博物类专书。共十卷。作者生卒年及成书时间说法不一。

② 东方朔：东方朔（生卒年不详），本姓张，字曼倩，西汉平原郡厌次县（今山东德州）人。西汉时期著名文学家。

③ 月氏（zhī）国：古族名。公元前3世纪至公元1世纪一个民族名称。

④ 东风入律：春风和煦，律韵协调。与下文"青云干吕"同指太平盛世。律吕，也称律管，是古代用来校正乐音标准的管状仪器。声音分为六律和六吕，前为阳，后为阴。中国古代以律管候气，节候至则律管中的葭灰飞动。"入律"指节气已到。

⑤ 青云干吕：犹入吕。谓阴气调和。

搜奇蕴异而贡神香。乘沉牛[①]以济弱渊，策骥足[②]以渡流沙，今十三年矣。香能起夭残之死疾，下生之神药也。疾疫夭死者，将能起之，以薰牙及闻气者即活。”明日失使者所在。后元元年，长安疫，死者大半。帝分香烧之，死未三日皆活，芳气三月不歇。馀香一旦失亡。

【注释】

① 沉牛：即水牛。《十洲记》作“毳车”。见“若水国贡香”条。

② 骥足：骥，日行千里的马。

按武帝时，广粤始隶中国。其西南诸国通使往来，谓尔时香之在诸夷者，搜索未尽。容有佳品可耳，必谓神奇若此，是尽信之过也。且武帝自元封以来，数发兵侵伐夜郎①、邛筰②，诸蛮夷士罢饿馁③、离④暑湿，死者甚众，其德化又安能致此哉！

【注释】

① 夜郎：夜郎国，中国秦汉时期西南地区少数民族建立的国家。西汉成帝河平年间被汉朝所灭。

② 邛筰（qióng zé）：汉时西南夷邛都、筰都两名的并称，指西南少数民族。筰，同“笮”，意为竹索。

③ 罢饿馁：罢，音pí，通“疲”。饿馁，亦作“饿馁”。饥饿之甚。馁，同“喂”。

④ 离：离，通“罹”。

龙脑香

《续博物志》：龙脑香。段成式[①]云："出波律国[②]，树高八九丈，可六七尺围。"干脂为香，清脂为膏子。主内外障眼[③]。又有苍龙脑[④]，不可点眼，经火为熟龙脑。

按龙脑清烈独异，古时中国绝少。唐天宝中，交趾[⑤]贡之。宫中号瑞龙脑，亦珍贵之也，故《酉阳杂俎》《续博物志》皆载之。

【注释】

① 段成式：段成式（约803年—863年），字柯古，祖籍邹平（今山东滨州）。唐代著名志怪小说家，著有《酉阳杂俎》。

② 波律国：即婆律国，古国名。今印度尼西亚加里曼丹岛，或以为今巴厘岛。《梁书》《隋书》和《新唐书》均有专条记述。

③ 障眼：病症名。分内障和外障。

④ 苍龙脑：日晒风干后的龙脑香。龙脑香中品质较差的一种。

⑤ 交趾：又名交阯，中国古代地域名。公元前111年，汉武帝设交趾郡，位于今越南河内。

麝

《续博物志》：《香谱》云："麝以一子真香糅作三四子，刮取血膜，杂以余糁[1]，皮毛不辨也。"黎香有二色：蕃香、蛮香，又杂以黎人[2]撰作，官市[3]动至数千计，何以塞科取[4]之责？所谓"真"有三说：麝群行山中，自然有麝气，不见其形，为真香。入春，以脚剔入水泥中藏之，不使人见，为真香。杀之取其脐，一麝一脐，为真香。此余所目击也。

麝至今真伪不易择识，此条辨论明晰，不可不知。

【注释】

① 糁（shēn）：碎粒；谷类制成的小渣。

② 黎人：氏族名。我国少数民族之一。由古越人发展而成，聚集在海南岛中南部。

③ 官市：官府设立的集市。

④ 科取：征收。

沉香杂木

《续博物志》：太学[①]同官[②]有曾官广中者云：“沉香，杂木也。朽蠹[③]浸沙水，岁久得之。如儋崖[④]海道居民桥梁皆香材。如海桂、橘柚之木，沉于水多年，得之为沉水香。《本草》谓为“似橘”是已。然生采之，即不香也。”

此说亦近理，凡珍木入水多年，无不香者。盖木入水必腐，腐之余，乃木之精而得水之华，故沉香多心与节。楠有香楠，杉有香杉，盖亦伐久而得土湿之化也。然必谓沉香迄无定木，考之他书，亦有不合。

【注释】

① 太学：我国古代设于京城的最高学府。

② 同官：在同一官署任职的人，同僚。或指官职名位相同。

③ 朽蠹（dù）：朽腐与虫蚀的木料。蠹，蛀蚀器物的虫子。

④ 儋（dān）崖：儋州与崖州的合称，位于今海南岛。亦泛指南方荒蛮之地。

降真

《续博物志》：《海药本草》[①]云："降真香主天行时气[②]，烧之或引鹤降[③]。"

降真气烈烟直，道书最重之，盖能辟邪浊之气。言降鹤，谓其人乘鹤，会意也。非香与鹤有交涉。

【注释】

① 《海药本草》：五代前蜀李珣撰。我国第一部海药专著，共六卷。海药，指海外及南方药。原书已佚。

② 天行时气：因气候不正常引起的流行病。气，疫气，疾病。

③ 原载于汉代刘向所撰《列仙传》："烧之感引鹤降。"

芸香[①]

《续博物志》：《仓颉解诂》云："芸蒿，似邪蒿[②]，可食。"鱼豢《典略》[③]云："芸香辟纸鱼蠹[④]，故藏书台称芸台[⑤]。"

"芸"字见于典籍者，殊不俗，而"芸蒿"字尤雅。说见八卷拾遗篇中[⑥]。

【注释】

① 芸香：香草名。详见"七里香"条。

② 邪蒿：即青蒿，俗称香蒿。菊科黄花蒿系一年生草本植物。夏开白色、淡黄色花。植株有香气。

③《典略》：三国时期魏国鱼豢撰。记录中国古代周秦至三国的野史。已佚。

④ 鱼蠹：即蠹鱼，虫名。又称衣鱼。蛀蚀书籍衣服。体小，有银白色细鳞，尾分二歧，形稍如鱼，故名。

⑤ 芸台：古代藏书的地方。或指掌管图书的官署，即秘书省。

⑥ 指《青烟录》卷八第二篇《芸草论》。

苏合香[①]（其一）

《续博物志》：苏合香。《本草》[②]云："生中台川[③]。"陶[④]云："是狮子屎[⑤]。"又云："是

【注释】

① 苏合香：今指金缕梅科植物苏合香树所分泌的树脂。将苏合香树树皮击伤或割破深达木部，使树脂渗入树皮内。剥下树皮，榨取树脂，残渣加水煮后再压榨，榨出的香脂即为苏合香。

② 《本草》：指《本草经集注》，南北朝梁代陶弘景撰。古代药学著作。共七卷。陶弘景辑《神农本草经》，又选《名医别录》中365种药与《本经》合编，用红、黑二色分别写《本经》与《别录》的内容，名之为《本草经集注》。原书已佚。

③ 生中台川：按《本草经集注·别录》应为"苏合香出中台川谷。"川谷，即河谷。

④ 陶：陶弘景（456年—536年），字通明，自号华阳隐居，丹阳秣陵（今江苏南京）人。南朝梁时医药家、文学家。著有《本草经注》、《集金丹黄白方》等。

⑤ 狮子屎：疑为少数民族用草木炼制的香药，《梁书》中认为苏合香是各种香草的汁液煎制而成的香药，而非自然香料，故与狮子屎作比。《本草纲目·苏合香》别录记载："藏器曰：苏合香色黄白，狮子屎色赤黑，二物相似而不同。狮子屎极臭。或云：狮子屎是西国草木皮汁所为，胡人将来，欲贵重之，故饰其名尔。"

诸香汁煎之，非一物。”从西域来者如紫檀，重如石。蘡薁[①]是山蒲桃。

又有如叶子者，亦号苏合香。此物种类甚多，辨论不一，近来常用者，皆众香汁所煎，但不知何者是真也。狮子屎别是一种。

【注释】

① 蘡薁（yīng yù）：葡萄科葡萄属落叶藤本植物，果实成熟时呈紫红色。别名山葡萄、山蒲桃、野葡萄等。

苏合香（其二）

《梦溪笔谈》[1]：今之苏合香，如坚木[2]。又有苏合油，如粝[3]胶，今多用此为苏合香。按刘梦得[4]《传信方》言："苏合香，多薄叶，子如金色，按之即小，放之即起，良久不定如虫动，烈者佳也。"如此则全非今所用者，更当精考之。

按李濒湖[5]《本草》引用此条，亦无定论，阙之。

【注释】

① 《梦溪笔谈》：北宋沈括撰，共三十卷，十七目。是一部涉及古代中国自然科学、工艺技术及社会历史现象的综合性笔记体著作。

② 坚木：红坚木，广义红木类木材，富含黄褐色树胶。该句《梦溪笔谈》原文有"赤色"二字。

③ 粝（lì）：粗糙的米。

④ 刘梦得：刘禹锡（772年—842年），字梦得，河南洛阳人。唐朝文学家、哲学家。刘禹锡于818年撰医书《传信方》二卷，见《唐书·艺文志》。原书已佚。

⑤ 李濒湖：李时珍（1518年—1593年），字东璧，晚年自号濒湖山人，湖北蕲春县人，明代著名医药学家。《本草纲目》为李时珍撰写的中医医药巨著，共五十二卷。

水麝

《续博物志》：天宝初，虞人[①]获水麝，诏养之。脐中唯水，沥滴于斗水中，用洒衣，至败，香不歇。每取以针刺之，捻以真雄黄，香气倍于肉麝。

真妙品耳！意与山车泽马[②]之类，应瑞而偶一出耶？抑世固有之而人自不识耶？

【注释】

① 虞人：古代掌山泽苑囿之官。

② 山车泽马：山车，传说帝王有德，天下太平，则山车出现，古代以为祥瑞之物。泽马，古人认为表示祥瑞的神马。

榅桲香饼

宋鄱阳张世南《游宦纪闻》[①]：唐、邓[②]间多大柿。初生涩，坚实如石。凡百十柿，以一榠楂[③]置其中，则红烂如泥而可食。榅桲[④]亦可代榠楂用，此欧公[⑤]《归田录》所载。但江南人不识榅桲，世南侍亲官蜀，至梁益[⑥]间方识之。大者

【注释】

① 《游宦纪闻》：宋代张世南撰。笔记体，共十卷。

② 唐邓：唐，唐州（今河南唐河）。邓，邓州（今河南邓州）。

③ 榠（míng）楂：果木名。蔷薇科落叶乔木。习称“光皮木瓜”。果实亦名榠楂，味涩，可入药。

④ 榅桲（wēn po）：果木名。蔷薇科落叶小乔木。别称“木梨”。果实有香气，味甘酸，供食用或药用。今北京及周边地区所说的“榅桲”多意为“大红果”，与文中所指不同。

⑤ 欧公：欧阳修（1007年—1072年），字永叔，号醉翁、六一居士，吉州永丰（今江西吉安）人，北宋政治家、文学家。《归田录》为欧阳修晚年辞官闲居时作，记载其耳闻亲历的朝中遗闻与文人士大夫琐事。共二卷，一百十五条。

⑥ 梁益：指蜀地，中国西南地区，今四川盆地及其附近地区，即今四川省、重庆市及陕西南部、贵州北部、湖北西部等地。蜀汉有梁、益等州，因以并称。

如梨，味甜而香，用刀切，则味损而黑。凡食时，先以巾拭去毛，以巾包于柱上击碎，其味甚佳。蜀人以榅桲切去顶，剜去心，纳檀香、沉香末，并麝少许。覆所切之顶，线缚蒸烂。取出候冷，研如泥，入脑子[①]少许，和匀，作小饼烧之，香味不减龙涎。

按：苏颂[②]谓道家以榠楂生压取汁，和甘松、元参末作湿香，云甚爽神也。榅桲西果，今关陕[③]亦有之，沙苑[④]出者更佳。观此数条，熟柿者，榅桲可代榠楂。制香者，榠楂亦可代榅桲也。

【注释】

① 脑子：指龙脑香。

② 苏颂（1020年—1101年）：字子容，原籍福建泉州府（今属福建厦门）人。北宋中期宰相，药物学家，著有《图经本草》等。

③ 关陕：指今陕西地区。陕西古名关中，故称。

④ 沙苑：地名。位于陕西大荔县南部，临渭水。

蔷薇水[1]

《游宦纪闻》：占城国[2]，前此未尝与中国通。唐显德五年，国王因德漫遣使者莆诃散来，贡猛火油[3]八十四瓶、蔷薇水十五瓶，其表以贝多叶[4]书之，香木为函。猛火油以洒物，得水则出火。蔷薇水得自西域，洒衣虽敝而香不灭。以上见《五代史·四

【注释】

① 蔷薇水：采蔷薇花蒸取花汁，反复数次而成的香水。

② 占城国：即占婆补罗（137年—1697年），简译占婆国、瞻波。旧地位于中南半岛东南部，今越南中南部。

③ 猛火油：即石油。东汉班固在其《汉书·地理志》中记载“高奴县有洧水可燃”。汉代高奴县在今陕西省延安东北，此处说的大约是水上有外溢石油漂浮。石油在五代以及宋金辽元时期被称为“猛火油”，因猛火油的威力强大，且有水浇火愈炽的特点，适合火攻，故多用于战争。

④ 贝多叶：多罗树的叶子，用来写佛经的树叶。也代指佛经。

夷附录》。内典[①]云："人火得水则灭，龙火[②]得水而炽。"信有此理。《阴阳自有变化论》[③]曰："龙能变水，人能变火。龙不见石，人不见风，鱼不见水，鬼不见地。"此亦理也。

蔷薇水与今时所制者不同，猛火油未详用法。可恨。

【注释】

① 内典：佛教徒称佛经为"内典"。指释迦世尊49年所说的一切法，也包括三藏十二部一切经典。

② 龙火：龙口中喷出的火焰。明李时珍《本草纲目·火部》："天之阴火二：龙火也，雷火也。"

③《阴阳自有变化论》：即《阴阳自然变化论》，东晋干宝撰，已佚。以下数句，北宋陆佃《埤雅》卷一《释鱼》亦引用。

朱栾[1]花香

《游宦纪闻》：有柑曰“回青[2]”三山方言也，实大，凌冬不凋，满树垂金，至春复回青，再黄始摘，味不甚佳。花极香，与抹利[3]相颉颃[4]。永嘉[5]之柑，为天下冠。有一种名“朱栾”，花比柑橘，其香绝

【注释】

① 朱栾：双子叶植物芸香科植物的果实。又称香栾、酸栾。

② 回青：回青橙，又名玳玳橙。双子叶植物芸香科柑橘属植物玳玳花的果实。回青橙为扁球形，头一年的果实留在树上过冬，果皮呈橙黄色，次年夏季结新果，陈果皮色由黄变青，故名“回青”。两代果实同一棵树上，故又称“代代”。代代花香气浓郁。

③ 抹利：详见“茉莉花”条。

④ 颉颃（xié háng）：原指鸟上下翻飞。此处指不相上下。

⑤ 永嘉：今浙江省温州市永嘉县，盛产早香柚。

胜。以笺香或降真香作片，锡为小甑[①]，实花一重，香骨一重，常使花多于香。窍[②]甑之傍，以泄汗液，以器贮之。毕，则撤甑去花，以液浸香，明日再蒸。凡三四易，花暴干，置磁器[③]中密封，其香最佳。朱栾乃好柑之祖。

以类推之，凡花之佳品，皆可作如此治法。

【注释】

① 甑：中国古代一种蒸食瓦器。底部有许多透蒸气的孔格，置于鬲上蒸煮，如同现代的蒸锅。

② 窍：动词。穿孔，凿洞。

③ 磁器：本谓磁州窑所产的瓷制品。后泛指瓷制器具。

范蔚宗香方

《野客丛书》[1]：唐侯味虚作《百官本草》，贾志忠作《御史本草》[2]，或者谓前此未闻，仆谓此意祖范晔[3]《和香方》。晔撰香方悉以比类当时之士，如曰：麝本多忌，比庾炳之；零藿虚燥，比何尚之；詹糖[4]黏湿，比沈演之；枣膏[5]昏钝，比

【注释】

① 《野客丛书》：南宋王楙撰。该书以历代轶事为主。共三十一卷。

② 范晔：范晔（398年—445年），字蔚宗，顺阳（今河南南阳）人，南朝宋史学家、文学家。著有《后汉书》。范晔所撰《和香方》成书于430年前后，原书已佚。唯存其序，原文如下："麝本多忌，过分必害；沉实易和，盈斤无伤；零藿虚燥，詹唐黏湿。甘松、苏合、安息、郁金、奈多、和罗之属，并被珍于国外，无取于中土。又枣膏昏钝，甲煎浅俗，非唯无助于馨烈，乃当弥增于尤疾也。"

③ 应为贾言忠《监察本草》。

④ 詹糖：详见卷二"詹糖香"条。

⑤ 枣膏：中药名。大枣洗净去核，蒸煮烂，研成膏状。主治病后体虚、气血不足。

羊元保；甲煎浅俗，比徐湛之；甘松苏合，比慧琳；沉实①寡和②，以自比况。所不同者，此以人，彼以官耳。

按：诸香之隶草木者，既以木为体，则具有生火之性而主升浮，而沉香独能沉水，则其为诸香之冠宜矣。蔚宗比类当时之士，未审果确中否，然不可谓不知香。

【注释】

① 沉实：即沉香。

② 寡和：按《宋书》《太平御览》，此处应为“易和”。

赵梅石侈靡

宋弁阳老人周密《癸辛杂识》[①]：赵梅石孟㠓，性侈靡而深险，其家有沉香连三暖阁，窗户皆镂花，其下替板[②]亦镂花者，下用抽替打篆香[③]于内，香雾纷郁，终日不绝。前后皆施锦帘，他物称之。后闻献之福邸[④]，云后为都大坑冶[⑤]。又造黑漆大坐

【注释】

①《癸辛杂识》：南宋周密（1232年—1298年）撰。宋亡后，周密寓居杭州癸辛街，以南宋遗老自居，《癸辛杂识》因而得名。该书主要记载宋元之际的遗闻轶事、典章制度等。凡四百八十一条。

② 替板：即“底板”，底板下面安装有抽屉。

③ 篆香：犹盘香。将香料做成篆文形状，点其一端，依香上的篆形印记，烧尽计时。

④ 福邸：王府。

⑤ 坑冶：唐宋对金属矿藏的开采与冶炼的称呼。

船[1]，船中艎板[2]皆用香楠镂花，其下焚沉脑，如前阁子之制。吕师夔[3]亲见之，遂号孟蠛为“黑漆船”。后饿死于燕京。

沉香可制暖阁，指木言也，非心与节，鹧鸪、黄熟之类，盖即水盘头之大者，然亦难得矣。所载孟蠛死法最妙，其自然之理乎。平日过饱于鼻，宜其以枵腹[4]死。

【注释】

① 坐船：全称“战座船”，大型战船。

② 艎板：船面上的铺板。

③ 吕师夔：吕师夔（生卒年不详），字虞卿，安丰(今安徽淮南)人，南宋末年吕氏军事集团的重要人物。所在家族得到权相贾似道的扶持，左右朝政，掌控南宋军事命脉。

④ 枵（xiāo）腹：空腹。谓饥饿。枵，空虚。

白檀甑

《癸辛杂识》：焦达卿为光禄寺令史，掌醴[1]事，云："炊米之器，皆以温石[2]为大釜[3]（温石即莱石），甑以白檀香[4]，若瓮盎[5]之类，皆银为之，极其侈靡，前代之所无也。车驾[6]每亲幸焉，所掌必以大头目，外廷丞不足道也。"

一时君臣之间概可知矣。

【注释】

① 醴（lǐ）：美酒，甜酒。

② 温石：即蛇纹石。质地细密，润泽耐火。

③ 釜：古炊器。圆底无足，其用于鬲，置于灶，上置甑以蒸煮。

④ 白檀香：香料名。檀香的一种。檀香，由檀香科常绿乔木的树心部分提炼而成。分为白檀香、黄檀香、紫檀香等，皮厚而色黄的为黄檀，皮光洁而色白的为白檀，色紫可染色者为紫檀。

⑤ 瓮盎：亦作"瓮盎"。盛器，小口大腹。

⑥ 车驾：帝王所乘的车。亦用为帝王的代称。

玫瑰油

宋淮海张邦基《墨庄漫录》[①]：玫瑰油出北虏[②]，其色莹白，其香芬馥，不可名状。用为试香法，用众香煎炼。北人贵重之，每报聘[③]礼物中，只一合，奉使者例获一小罂[④]，其法秘不传也。宣和[⑤]间，

【注释】

① 《墨庄漫录》：北宋张邦基(生卒年不详)著。共十卷，多记杂事，兼及考证，尤留意于诗文词的评论及记载。

② 北虏：古代对北方匈奴等少数民族的蔑称。《青烟录》原文作“北地”，《墨庄漫录》正德本、四库本作“北虏”。因后文有“北使”一词，故校之。

③ 报聘：派使臣回访他国。

④ 罂（yīng）：小口大腹的容器。多为陶制，亦有木制者。

⑤ 宣和：1119年—1125年，北宋宋徽宗赵佶的第六个年号和最后一个年号。

周武仲[①]宪之使北，过磁州[②]。时叶著[③]宣远为守，祝[④]周云："回日愿以此油分饷。"既反命，以油赠之。叶云："今不须矣。近禁中厚赂北使，遂得其法，煎成赐近臣，色香胜北来者。妇翁[⑤]蔡京新寄数合。"且云："公还朝必有取者，今反献一合。"周亦不受也。北人方物不过一合，贵惜如此，而贵近之家，赠遗若此之多，足知其侈靡之甚也。

玫瑰油未详用法，盖亦涂抹器物，但取其芬郁

【注释】

① 周武仲：周武仲（1075年—1128年），字宪之，宋代建宁（今福建建宁）人。

② 磁州：今河北省邯郸市磁县。

③ 叶著：北宋权相蔡京之婿，生卒年不详。蔡京（1047年—1126年），字元长，北宋权相之一。

④ 祝：嘱咐；请求。

⑤ 妇翁：妻子的父亲。

尔。近自西域来者数种，有丁香油、檀香油、薄荷油，又有肉桂油，皆珍品也，附录于后。

丁香油，紫黑色，作丁香气，纯馥无比。大热，能透肌骨。以少许涂擦手掌心，香能透背。涂丹田，热气直达下元[①]。丸药、膏药中酌用少许，力猛而效速。合香尤妙，诸油中以此为最。

檀香油，气味芬馥。每取少许，于雅玩器物上涂擦，其香数日不歇。合香亦佳，但不闻入药耳。

薄荷油，淡金色，作薄荷气，甚芳烈。凡头目风火[②]郁闭，热痛昏重，以油少许拭两眼胞[③]，顷

【注释】

① 下元：中医名词。指下焦的元气。下焦，人体部位名，三焦的下部，指下腹腔自胃下口至二阴部分。元气，又称真气。先天之精气所化生，包括元阴、元阳之气，借三焦之道通达周身。

② 风火：中医名词。指风邪和火邪。风邪，谓受外邪而感得风寒、风热、风湿等症。火邪，临床多见高热、面红、烦渴引饮，甚至神昏、痉厥、狂躁等症。

③ 眼胞：眼皮。

刻作濇痛[1]，目不得开，热泪流出，便得清爽。并擦两太阳，不入香剂[2]。肩背受风，油涂手频揉擦之，亦取效也。

肉桂油，金黄色。作肉桂气，甚厚，但未亲试用之耳，疑当与丁香油功用略同。合香亦未审可用否。

以上四品，皆余所亲见者，真赝醇漓[3]不一，率以小琉璃瓶贮之，辨法以色浓气厚者为上。按西域人世称于小物细故，刻志精巧。所制之物，中土人往往以重值购之，以为难得。不知彼人直[4]守其常法，不惮苦思刻求耳。然以薄荷虚燥薄物，能蒸取精纯如此，亦可嘉也。

【注释】

① 濇（sè）：同“涩”。

② 香剂：定香剂。香精中香气较持久、挥发较缓慢的香料。一般分子量较大，是香精的重要组分。如安息香、檀香油、麝香等。

③ 醇漓：亦作“醇醨”。指酒味的厚与薄。文中喻香的品质高低。

④ 直：通“只”。

木犀香

《墨庄漫录》：木犀花[1]，江浙多有之，清芬沤郁，余花所不及也。一种色黄深而花大者，香尤烈。一种色白浅而花小者，香短。清晓朔风，香来鼻观，真天芬仙馥也。湖南呼“九里香”，江东曰“岩桂”，浙人曰“木犀”，以木纹理如犀也。然古人殊无题咏，不知旧何名。故张芸叟[2]诗云：“竚马欲寻无路入，问僧曾折不知名。”盖谓是也。王以宁[3]周士《道中闻九里香花》诗云：“不见江梅三百日，声断紫箫愁梦长。何许绿裙红帔客，御风来献返魂香。”

【注释】

① 木犀花：木犀的花。木犀，或称木樨，常绿灌木或小乔木，叶椭圆形，花黄色或黄白色，有极浓郁的香味。可制作香料。通称桂花。有金桂、银桂、四季桂等，原产我国，为珍贵的观赏芳香植物。

② 张芸叟：张舜民（生卒年不详），字芸叟，号浮休居士，邠州（治今陕西彬县）人。北宋文学家。

③ 王以宁：王以宁(约1090年—1146年)，字周士，两宋之际爱国词人。

近人采花蕊以薰蒸诸香，殊有典刑[1]。山僧以花半开香正浓时，就枝头采撷取之，以女贞树子俗呼“冬青”者，捣裂其汁，微用拌其花，入有油磁瓶中，以厚纸羃[2]之。至无花时，于密室中取置盘中，其香裛裛[3]中人，如秋开时。后（复）入器藏，可留久也。树之干大者，可旋为盂盖[4]、茶托种种器用，以淡金漆饰之，殊可佳也。（茶托[5]，即茶船，近来人多用以为新制之巧，不知宋时已有之。）

【注释】

① 典刑：即“典型”。

② 羃（mì）：古同“幂”，覆盖。

③ 裛裛（yì）：裛，用香薰；缠绕。裛裛，香气袭人的样子。

④ 盂盖：《青烟录》原文作“盂合”。《墨庄漫录》正德本作“盖”。因没有“盂合”一词，故校之。

⑤ 茶托：用以衬垫茶杯的碟子。

考《群芳谱》[1]，人因女贞冬茂，亦呼为冬青，不知女贞叶长子黑，冬青叶圆子红。又有枸骨者，与女贞亦相似。女贞即俗呼“腊树”者，冬青俗呼“冻青树”者，枸骨即俗呼“猫儿刺”者，盖三树也。女贞五月开细花，青白色，花甚繁。九月实成，似牛李子累累满树，生青熟紫。木肌白腻。立夏前后，取蜡虫[2]种裹置枝上。半月其虫化出，延缘[3]枝上，造成白蜡。制木犀香用者，盖此种也。

【注释】

① 《群芳谱》：明代王象晋（1561年—1653年）撰。全称《二如亭群芳谱》，介绍栽培植物的著作，全书共三十卷。

② 蜡虫：即白蜡虫。成群栖息在白蜡树或女贞树上。雄虫能分泌白蜡，包围体躯。

③ 延缘：缓慢移行。

按：《埤雅》[1]谓桂有菌桂、牡桂，而无木犀。《格致丛话》曰："桂，梫木[2]也，一名木犀，一名岩桂，有白、黄、红诸色。"《学圃杂疏》曰："木犀须种早黄、毬子二种，不惟早黄七月中开，毬子花密为胜，即香亦纷郁异常，丹桂香减矣。"所谓拌女贞者，盖即此也。

【注释】

① 《埤（pí）雅》：宋代陆佃（1042年—1102年）撰。训诂书。全书共二十卷，专解释名物，以为《尔雅》的补充，故称《埤雅》。埤，增加。

② 梫（qǐn）木：古书指肉桂。

聚龙脑用孔雀毛（翠羽帚）

《墨庄漫录》：孔雀毛着龙脑则相缀。禁中以翠尾[①]作帚，每幸诸阁，掷龙脑以辟秽，过，则以翠尾扫之，皆聚，无遗者。亦若磁石引针、琥珀拾芥[②]，物类相感也。

龙脑遇孔雀尾而黏，合相思子则不耗其香[③]，之有情者欤。相思子，红豆也。

【注释】

① 翠尾：孔雀尾。

② 琥珀拾芥：琥珀能吸引细小的东西。比喻事物之间互相感应。芥：小草，引申为轻微纤细的东西。

③《本草纲目》："相思子收龙脑香相宜，令香不耗也。"

鼻观香

《墨庄漫录》：余尝自制鼻观香，有一种潇洒风度，非闺帏间恼人破禅气味也。

其法：用沉水香一两，屑之，取榠楂液渍之，过一指，三日，弃其液。降真香半两，以建茶①斗品②二钱③七作浆，渍一日，以湿竹纸五七层包之，火煨少时。丁香一钱，鲜极新者，不见火④玄参二钱，鲜，去尘埃，窑熓⑤令香。真茅山黄连香一钱，

【注释】

① 建茶：福建省所产的名茶，因产于福建建溪流域而得名。

② 斗（dòu）品：亦作“鬬品”。茶叶中的精品。宋徽宗《大观茶论·采择》：“凡芽如雀舌谷粒者为斗品，一枪一旗为拣芽，一枪二旗为次之，余斯为下。”

③ 钱：中国市制重量单位，一两的十分之一。

④ 不见火：中医术语。中药加工方法之一，即炮制过程中不用炒、炙等有火的方法。

⑤ 熓（chǎo）：古同“炒”。

白檀香三钱，麝半钱，婆律一钱，焰硝[①]一字[②]，俱为细末。浓煎皂角胶，和作饼子，密器收之，烧时极漫火。

按：制香法当言品，第一忌脂粉气，其次忌枯燥，则香火气也。此方制合极有旨。熫，《正韵》："楚绞切"。《广韵》："熬也，又同炒。"真茅山黄连香，谓苍术[③]也。按《别录》谓术为山连，陶宏景、苏颂皆云出茅山者为胜。婆律，谓龙脑也。《酉阳杂俎》："龙脑香，出婆律国"。

【注释】

① 焰硝：即硝石。无色、白色或灰色结晶状，有玻璃光泽。易燃，可用以引火，是制造火药的原料之一。

② 字：中医古书里的计量单位，一钱的四分之一为一字。

③ 苍术（zhú）：菊科苍术属多年生草本植物。根状茎可入药。大体可以分为北苍术和南苍术两大类。南苍术即"茅苍术"或"茅山苍术"，主要分布于江苏、湖北和河南等省份。

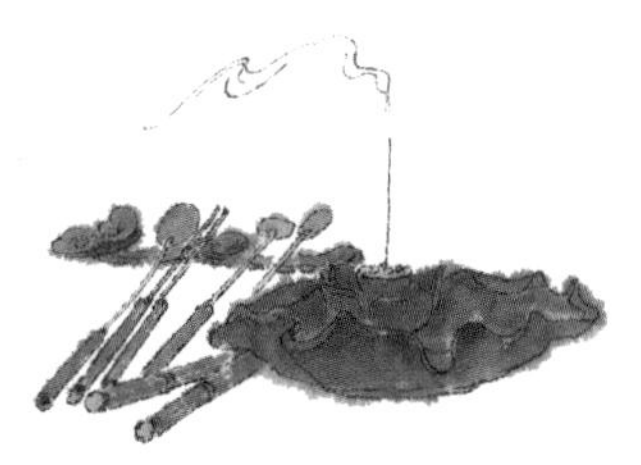

宣和异香

《墨庄漫录》：宣和间，宫中重异香，广南[①]笃耨[②]、龙涎、亚悉[③]、金颜、雪香[④]、褐香[⑤]、软香之类。笃耨有黑白二种，黑者每贡数十斤，白者止三斤[⑥]，以瓠壶[⑦]盛，香性薰渍，破之可烧，

【注释】

① 广南：广南国（1558年—1777年），越南最后一个朝代阮朝的前身。

② 笃耨：见“笃耨香”条。

③ 亚悉：香料名。

④ 雪香：香名。由白檀木所制之香，属檀香。

⑤ 褐香：香料名。占城国贡香。

⑥《墨庄漫录》四部丛刊三编景明抄本（正德本）作“一二斤”。

⑦ 瓠（hù）壶：盛装液体的大腹容器。文中指用瓠瓜老熟干燥后的果壳作的容器。瓠瓜，葫芦科葫芦属一年生蔓性草本植物，果实上中部细，下部膨大呈球形。

号瓠香。白者每两价值八十千，黑者三十千。外廷[1]得之，以为珍异也。

异香多是古木中历数千百年结积者。木无定品，积年久近无稽，即在番人亦不过形色气味仿佛区别，非有确凿考辨也。况一入中国，彼人更神其说，美其名，而张大之。香之品，安有穷极哉？窃谓品香，凡习见[2]名材，自有良枯可辨。一切异名目、不经见之品，但就形色气味斟酌用之，不必沾沾谓“此是古之某某香”也，庶几不为古人愚矣。

【注释】

① 外廷：皇帝举行大典，接见群臣，处理政事的地方。也借指朝臣。

② 习见：常见。

零陵香

《墨庄漫录》：零陵香，本名蕙，古之兰蕙是也，又名薰。《左传》曰："一薰一莸[1]，十年尚犹有臭。"即此草也。唐人谓之"铃铃香"，亦谓之"铃子香"，谓花倒悬枝间，如小铃也。至今京师人买零陵香，须择有零子者。铃子，乃其花也，此本鄙语，文人以湖南零陵郡，遂附会名之。后人又收入《本草》，殊不知《本草正经》自有薰草条，又名蕙草，南方处处有之，《本草》附会其名，言出零陵郡，亦非也。[2]

此条辨驳甚明，可补《本草》之所不逮。

【注释】

① 莸：古书上一种有臭味的草。"一薰一莸，十年尚犹有臭"言薰莸相混，只闻臭不闻香，比喻善常为恶所掩。

② 本节内容未见于《墨庄漫录》，疑传抄有误。

七里香

《梦溪笔谈》：古人藏书，辟蠹用芸。芸，香草也，今人谓之七里香者是也。叶类豌豆，作小丛生，其叶极芬香。秋间，叶间微白如粉污，辟蠹殊验。南人采置席下，能去蚤虱。予判①昭文馆②时，曾得数株于潞公③家，移植秘阁后，今不复有存者。

【注释】

① 判：唐宋官制。以大兼小，即以高官兼较低职位的官通称判。

② 昭文馆：官署名。唐置，掌详正图籍，参议朝廷制度礼仪，教授生徒。宋承唐制，以上相为昭文馆大学士，监修国史。

③ 潞公：文彦博（1006年—1097年），字宽夫，号伊叟。汾州介休（今山西介休）人。北宋时期著名政治家、书法家。嘉祐三年（1058年）封潞国公。

香草之类，大率多异名，所谓兰荪，即今菖蒲[1]是也；蕙，今零陵香是也；茝，今白芷[2]是也。

芸草，古今说者不一，尝考《格物总论》《学圃馀疏》《群芳谱》《本草纲目》，多有不合，姑阙之。

【注释】

① 菖蒲：植物名。多年生水生草本，有香气。叶狭长，似剑形。全草为提取芳香油、淀粉和纤维的原料。根茎亦可入药。

② 白芷：香草名。夏季开伞形白花，果实长椭圆形，根可入药，古以其叶为香料。

辨一木五香

《梦溪笔谈》：段成式《酉阳杂俎》[1]记事多诞。其间叙草木异物，尤多谬妄。率记异国所出，欲无根柢[2]。如云“一木五香：根旃檀[3]，节沉香，花鸡舌，叶藿，胶薰陆[4]。”此尤谬。旃檀与沉香，两木元[5]异。鸡舌即今丁香耳，今药品中所用者亦非。藿香自是草叶，南方至多。薰陆，小木而大叶，海南亦有，薰陆乃其胶也，今谓之乳头香。五物迥殊，元非同类。

记载如王子年《拾遗记》、段成式《酉阳杂俎》诸书，辞华采藻，诗赋之物，徵之实用，尚须辨之。

【注释】

① 《酉阳杂俎》：唐段成式撰笔记小说集，共三十卷。

② 根柢（dǐ）：草木的根。柢，即根。比喻事物的根基，基础。

③ 旃（zhān）檀：即檀香。古印度语为“旃檀那”。

④ 薰陆：即乳香，香料名。

⑤ 元：同“原”。

楚辞所咏诸香草

《遁斋闲览》[1]：《楚辞》所咏香草，曰兰、曰荪、曰茝、曰药、曰虈、曰芷、曰荃、曰蕙、曰薰、曰蘼芜、曰江蓠、曰杜若、曰杜衡、曰藒车[2]、曰留夷[3]，释者但一切谓之香草而已。如兰一物，或以为都梁香[4]，或以为泽兰，或以为猗兰草，今当以

【注释】

① 《遁斋闲览》：宋代陈正敏（生卒年不详）撰。书中所记多作者平昔见闻，共十四卷。原书久佚，内容见引于《说郛》《苕溪渔隐丛话》等书，去其重见者，共七十三条。

② 藒（qì）车：也作"揭车"。又名"芞舆"。香草名。《广志》："藒车香生徐州，高数尺，黄叶白花。"《本草纲目》："与今兰香、零陵相类也。"

③ 留夷：香草名。一说即芍药。

④ 都梁香：香草名。又名佩兰。双子叶植物药唇形科植物地瓜儿苗（泽兰）的茎叶。多用于佛教祭祀活动中，亦见入药之用。

泽兰为正。山中又有一种如大叶门冬①，春开花极香，此则名幽兰，非真兰也。荪，则今人所谓石菖蒲者②。茝、药、虈、芷③，虽有四名，正是一物，今所谓白芷是也。蕙④，即零陵香，一名薰。蘼芜，即芎藭苗也，一名江蓠。杜若，即山姜⑤也。杜衡，今人呼为马蹄香。惟荃与藒车、留夷，终莫能识，

【注释】

① 大叶门冬：按《陈氏香谱》作“叶大如麦门冬”，《湛渊静语》《第一香笔记》作“如大叶麦门冬者”。麦门冬，即麦冬，百合科沿阶草属多年生常绿草本植物。

② 按《陈氏香谱》《香乘》，后有“然实非菖蒲，叶柔脆易折，不若兰荪叶坚韧”一句。

③ 茝药虈：茝（chén）、药、虈（xiāo），此处均为草名，即白芷。虈，同藃。

④ 蕙：一作香草名，又名薰，即零陵香。《南方草木状》：“蕙，一名薰，叶如麻，两两相对，气如蘼芜。”二作蕙兰，兰科兰属观赏植物。此处为香草名。

⑤ 山姜：即杜若。

余他日当遍求其本，列植栏槛间，以为“楚香亭”。

诗人捉笔时，美人芳草，都是布帛菽粟，寻常日用闲物也。一旦游陂泽[①]之上，方物芸芸，十不能指其一二焉。虽曰兴观群怨，别有会心，而多识之未能，终减韵致。吾愿天下有志骚雅者，将欲过湘潭访屈三闾芳躅[②]，且问道于楚香亭。

【注释】

① 陂（pí）泽：湖泽。

② 芳躅：前贤的踪迹。

水松叶[1]

《南方草木状》[2]：水松，叶如桧[3]而细长，出南海。土产众香，而此木不大香，故彼人无佩服者。岭北[4]人极爱之，然其香殊胜在南方时。植木无情者也，不香于彼而香于此，岂屈于不知己而伸于知己者欤？物理之难穷如此。

士为知己者死，女为悦己者容，古语也。今且益一解曰：木为知己者香。

【注释】

① 水松叶：水松的叶子。水松，乔木，生于湿生环境者，主要分布在广州珠江三角洲和福建中部。

② 《南方草木状》：晋代嵇含编撰。记载生长在我国广东、广西等地以及越南的植物。共三卷。

③ 桧：桧树，别名圆柏，原产于中国。常绿乔木，其嫩芽如同柏树叶，鳞状，随着生长，叶片成为刺状，如同刺柏或杉树。

④ 岭北：特指五岭以北。五岭，大庾岭、越城岭、骑田岭、萌渚岭、都庞岭的总称，位于江西、湖南、广东、广西四省之间，是长江与珠江流域的分水岭。

笃耨香[1]

叶庭珪《香谱》[2]：笃耨香出真腊国[3]，亦树之脂也。树如松杉之类而香藏之皮，树老而自然流溢者，色白而透明，故其香虽盛暑不融。土人既取之，夏月以火环其树而炙之，令其脂液再溢，至冬沍寒[4]，因其凝而复取之，故其冬凝而夏融。土人盛之以瓠瓢，至暑月[5]则钻其瓠而周为之孔，藏之冰中，欲其阴凉而气通以泄其汗，故得不融。舟人[6]易之以

【注释】

① 笃耨（nòu）香：笃耨，亦作“笃禄”。香木名。树如杉桧，夏日开小花，切破其茎，则树脂流出，香气浓郁，可作香料及供药用。或云为乳香的一种。

② 《香谱》：即宋代叶庭珪撰《南蕃香录》。今不存，散作见于宋陈敬编撰《新纂香谱》（即《陈氏香谱》）、清陈元龙撰《格致镜原》等书中。

③ 真腊国：中国古籍中对公元七至十七世纪中南半岛吉蔑王国的称呼，位于今柬埔寨。自唐武德以后屡与中国通使。

④ 沍（hù）寒：寒气凝结，谓极为寒冷。沍，水因寒冷而冻结。

⑤ 暑月：夏月。约相当于农历六月前后小暑、大暑之时。

⑥ 舟人：船夫。

瓷器，不若瓢也。香之气清远而长，杂于树则黑，而黑为下矣。香之性易融，而暑月之融，多渗于瓢，故断瓢而爇之，亦得其典刑。今所谓“葫芦瓢”是也。

此即宋宣和间宫中所重“瓠香”，每两价八十千者。盖可单爇，气味清远而润，是为妙品，然煏[①]取过烈，恐名材久无遗枿[②]也。又闻波斯国产豧齐香，彼人常八月伐之，至冬更抽新条，如不剪除，反枯死。则物性固有不可解者。据此则豧齐似宜多有矣，然亦不尔。

【注释】

① 煏（bì）：方言，用火烘干。

② 枿（niè）：古同“蘖”。树木砍去后又长出的芽，或树木砍去后留下的树桩。

郁金香

《魏略》[1]：郁金香，生大秦国[2]，二、三月花如红蓝[3]，四、五月采之，其香十二叶[4]，为百草之英。

按郁金有二，此乃郁金花香也，苏颂谓出郁林部。郁林，即今广西、贵州、浔、柳、邕、宾诸州之地。《一统志》载“柳州罗城县出郁金香”，即此也。其苗似姜黄[5]，花白质红，末秋出茎心而无实。其根黄赤，取四畔子根，去皮，火干用。苏恭[6]曰

【注释】

① 《魏略》：三国时期魏国鱼豢撰。记载三国魏历史的史书，共五十卷。

② 大秦：中国古代对罗马帝国及近东地区的称呼。

③ 红蓝：菊科红花属一年或二年生草本植物。高三四尺，其叶似蓝。夏季开红黄色花。

④ 十二叶：古人以郁金的十叶或十二叶穿为一贯，每一百二十叶入酒酿鬯。可见于《周礼·春官·郁人》《证类本草》中。

⑤ 姜黄：又名郁金。多年生草本植物。叶大，长圆形或椭圆形。根茎椭圆形，深黄色。根茎可入药，也可以做黄色染料。花期八月。

⑥苏恭：原名苏敬（599年—674年），陈州淮阳（今河南淮阳）人，唐显庆年间药学家。宋时因避赵佶讳，改为苏恭或苏鉴。与长孙无忌等人详注《唐本草》。

出西戎，苏颂曰今广南、江西州郡亦有之，然不及蜀中者佳。但曰郁金也。用根，亦微有香气。李濒湖曰："酒和郁鬯[①]，昔人言是大秦国所产郁金花香，惟郑樵《通志》言即是此郁金。其大秦三代时未通中国，安得有此草？罗愿《尔雅翼》亦云是此根，和酒令黄如金，故谓之黄流[②]。其说并通。"愚按郁金根色中而质重，主降古者，焫萧以求神于阳，灌郁以求神于阴，自当是此郁金根也。若古乐府云中有郁金、苏合香，则是为郁金花香也无疑。

【注释】

① 郁鬯（yù chàng）：古代祭祀或待宾用的酒。黑黍酿成，与郁金香草汁调和而成。郁，香草。鬯，黑黍酿成、味道香醇的酒。《毛诗注疏》孔颖达疏："郁金，香草也。""鬯，草名。郁金，则黄如金色。"《周礼》："郁，郁金，香草，宜以和鬯。"郑玄注："郁为草，若兰。"

② 黄流：指酒。酒中加入郁金的根，呈黄色。流指酒在容器中流动。孔颖达疏《毛诗》："酿秬为酒，以郁金之草和之……草名郁金，则黄如金色；酒在器流动，故谓之黄流。"

卷二

品香

《香笺》[①]：万春香，内府[②]者佳。龙挂香[③]，有黄黑二品，黑者价高，惟内府者佳，刘鹤所制亦可。芙蓉香，京师刘鹤制。妙甜香，惟宣德年所制，清远味幽可爱。燕市[④]中货者，坛黑如漆，白底上有烧造年月，每坛二三斤，有锡罩盖罐子，一斤一坛者方真。兰香，以鱼子兰[⑤]蒸低速香。牙香[⑥]，

【注释】

① 《香笺》：明高濂撰。《香笺》为高濂所撰《遵生八笺》之《燕闲清赏笺》的中卷。记录了各种名香的品评、制法等。

② 内府：《周礼》官名，掌管王室库藏。此处指王室的仓库。

③ 龙挂香：即盘香，线香的一种。根据《本草纲目》，龙挂香是将数种香料磨成粉末，用榆树皮作糊，笮成的线香。“成条如线也。亦或盘成物象字形，用铁铜丝悬爇者，名龙挂香。”主要作佛教敬佛用的香料。

④ 燕市：指燕京，明代都城。即今北京市。

⑤ 鱼子兰：植物名。直立或披散亚灌木，高达2米。花小，黄绿色，两两相对排列在序轴上，相距约五毫米，极芳香。鱼子兰常作为绿化、香化植物，亦是名贵的中药材。

⑥ 牙香：即香角。沉香之别名。药用可降气温中，暖肾纳气。燃烧时有强烈香味。

块者佳，近以木香[①]滚以棍蒸者恶甚。白胶香[②]，有如明条者佳。

此明季[③]所尚诸谱，尔时献陵[④]爱香，故所铸炉极多，为近世所宝。上有好者，下或甚焉，都中市肆如刘鹤辈，得以所业名焉。其谱之可征者，修录于六卷《爇谱》中。

【注释】

① 木香：此处指蜜香，沉香的一种。《本草纲目》记载，木香是一种草，因味道似蜜故名蜜香，与沉香中的蜜香同名，故有同名异物的情况。木香，多年生草本植物，菊科植物云木香和川木香的通称。《本草纲目》载："一名蜜香，叶似薯蓣而根大，花紫色，功效极多。味辛，温而无毒。"

② 白胶香：金缕梅科植物枫香的树脂，树脂为白色，马牙状，为大小不一的椭圆形或球形颗粒，亦有呈块状或厚片状者。表面淡黄色，半透明。质松脆，易碎。具有活血、凉血、解毒、止痛功效。气清香，燃烧时更烈。

③ 明季：季，末位。明季为明末崇祯时期。

④ 献陵：中国明朝第四位皇帝明仁宗朱高炽和皇后张氏的陵墓。此处借指明仁宗。

火山

《事文类聚》[1]：隋主[2]淫侈，每除夜，殿前诸院设火山数十座，尽沉香木根。每一山焚沉香数车，火光暗，则以甲煎沃之，焰[3]起数丈，香闻数十里，常一夜用沉香二百余乘，甲煎二百余石。

桀[1]为酒地可以运舟，槽邱[5]可以望十里，

【注释】

① 《事文类聚》：宋祝穆撰，共一百七十卷。其书仿《艺文类聚》《初学记》等类书，搜集古今纪事诗文，供查检典故之用。

② 隋主：隋文帝杨坚（541年—604年），隋朝开国皇帝。

③ 焰（yàn）：同“焰”，火焰。

④ 桀：夏桀，中国夏朝末代君主。相传荒淫暴虐，奢侈无度。

⑤ 槽邱：即“糟邱”。《韩非子》：“纣为肉圃，设炮烙，登糟邱，临酒也”，形容酒渣很多，堆成了小土丘。

而牛饮者三千人。惜乎未见杨家此景耳。如见之当必喝一采，曰雅。凿地金莲[1]，后庭玉树[2]，未免小家气。

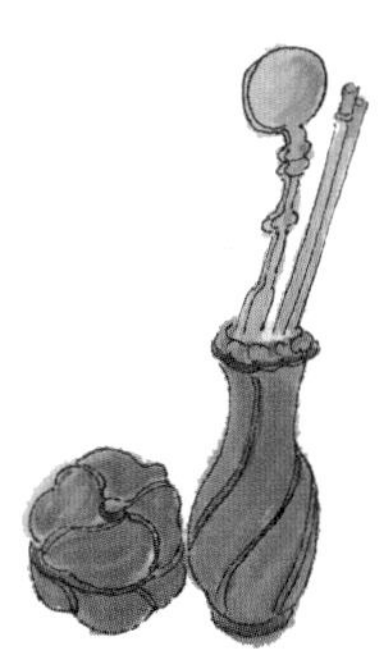

【注释】

① 凿地金莲：东昏侯曾在地上挖孔，将金子凿成莲花状，令宠妃潘玉儿在上面行走，称其为“步步生莲”。形容极其奢靡，挥霍无度。

② 后庭玉树：指南朝陈后主陈叔宝所作工体诗《玉树后庭花》。传说陈灭亡时，陈后主正在宫中与姬妾玩乐，故“后庭玉树”被称为亡国之音。借指穷奢极侈，沉湎声色。

降神百蕴香

《飞燕外传》①：飞燕浴五蕴七香汤，踞通香沉水坐，燔降神百蕴香。帝②尝私语樊嫕③曰："后虽有异香，不若婕妤④体自香也。"

按百蕴，即百和之遗也。武帝不以降神名而待王母，成帝则名为降神，而转供飞啄皇孙之燕⑤。沉水坐虽佳品，不得不屈之与仓郎根⑥等耳。

【注释】

① 《飞燕外传》：汉代伶元（一作玄）撰。赵飞燕（前45年—前1年），赵氏，号飞燕。汉成帝刘骜第二任皇后。

② 帝：汉成帝刘骜（前51年—前7年），西汉第十二位皇帝。

③ 嫕（yì）：柔顺；和善。

④ 婕妤：西汉宫中的嫔妃称号。此处指赵合德。《飞燕外传》前文："合德尤幸，号为赵婕妤。"赵合德，赵飞燕之妹，汉成帝宠妃。

⑤ 飞啄皇孙之燕：出自《汉书·五行志》第七中之上："燕燕尾涎涎，张公子，时相见。木门仓琅根，燕飞来，啄皇孙。"相传赵飞燕与赵合德参与杀害许美人、曹宫所生皇子，令汉成帝没有子嗣。故民间有童谣如上，隐喻赵氏姊妹入宫及杀害皇子的经过。

⑥ 仓郎根：即上条中"仓琅根"。指装置在大门上的青铜铺首及铜环。仓，通"苍"，深青色。

詹糖香

《南史》[①]：梁大通[②]中，槃槃国[③]奉表送菩提树叶、詹糖等香。

詹糖不正入药，故不多见，然其真者清雅似茉莉花味，亦妙品也。

【注释】

① 《南史》：唐朝李延寿撰。中国历代官修正史“二十四史”之一。

② 大通：南朝梁武帝萧衍年号。大通年间，槃槃国四度遣使献方物。

③ 槃槃国：古国名。一译盘盘。公元3世纪—7世纪时马来半岛的国家。

品字香

《清异录》：长安大兴善寺[1]徐理男楚琳，平生留意香事。庄严饼子，供佛之品也。峭儿，延[2]宾之用也。旖旎丸，自奉之等也。檀那[3]概之曰："琳和尚品字香。"

此和尚大知香，区别处大有解悟，我未见其香而知其味。

【注释】

① 大兴善寺：隋唐皇家寺院，中国佛教八宗之一密宗的祖庭，唐长安三大译经场之一，位于今西安市小寨兴善寺西街。

② 延：接待，迎候。

③ 檀那：梵语音译，意为施舍、布施。此处指施主。

意可香

《海录碎事》[①]：意可香，初名宜爱，或云此江南[②]宫中香，有美人字曰宜爱，故以名香。山谷[③]曰：“香殊不凡，而名乃有脂粉气。”易名曰“意可”。

香便是美人烧，亦不宜有脂粉气也。山谷非薄美人，正是知香处。

【注释】

① 《海录碎事》：宋代叶廷珪撰中型类书。共二十二卷。

② 江南：指偏安江南的南唐。

③ 山谷：黄庭坚（1045年—1105年），字鲁直，号山谷道人，洪州分宁（今江西九江）人，北宋著名文学家、书法家。

闻思香

《山堂肆考》[①]：黄山谷论香，有“闻思香”，取《楞严经》[②]观音所言“从闻思修，入三摩地[③]”，因以名香。

大抵躁心人领略，只解猛峭[④]一品，故名香断不使躁心人一概领取也。山谷知言，此香必有静味。

【注释】

① 《山堂肆考》：明代彭大翼撰大型类书。共二百四十卷，分宫、商、角、徵、羽五集，共四十五门。

② 《楞严经》：大乘佛教重要经典。唐代般剌密谛翻译传至中国，房融笔受，怀迪正义。《楞严经》在宗派、修行方法等方面进行了详尽的阐释，为佛教徒所重视。

③ 三摩地：即三昧。梵语直译为“合神”或“合一”，中国译为“定”，是禅定的一种。意为住心于一境而不散乱。

④ 猛峭：形容气势凶猛而形势陡峻。

魏公香

《墨庄漫录》：余在扬州[①]石塔寺[②]，有高僧出异香，曰韩魏公[③]喜焚此香，香韵不凡，似道家婴香，而清烈过之。乃传其法，用角沉半两，郁金香一钱，一字麸[④]炒丁香一分，上腊茶[⑤]一分，碾细，分作两处。麝香当门子[⑥]一字。右先点一半茶，澄清取汁，研麝渍之。次屑三物入之，以馀茶和半盏许。令众香蒸过，入磁器有油者，地窖窨[⑦]一月。

【注释】

① 扬州：宋朝时淮南东路的治所，在今淮河以南的中国东南地区。包含上海和江苏的扬州、泰州、南通等地区。

② 石塔寺：位于今江苏省扬州市石塔路中绿花岛上，是晋代遗刹。

③ 韩魏公：韩琦（1008年—1075年），字稚圭，自号赣叟。北宋政治家、词人。

④ 麸（fū）：小麦磨细碎筛出面粉后剩下的麦皮和细屑。

⑤ 蜡茶：即腊茶。茶的一种。其汁泛乳色，与溶蜡相似，故也称蜡茶。据王祯《农书》记载，蜡茶制作复杂，价格昂贵，多作贡茶，民间罕见。

⑥当门子：麝香的一种。麝香中成颗粒状者俗称当门子，质量较优。

⑦窨（yìn）：窖藏；深藏。

此郁金香，当是蜀地所出，似姜黄之郁金用根者也，所以用炒。若是郁林郡，浔、柳诸州所出之郁金香，则用药，不可炒矣。丁香、腊茶二品，分两疑有错误。

伊兰花[1]

《杨慎外集》[2]：伊兰花，佛经云：天末者为末而爇之，竺国[3]名乾打香。天泽者湿爇之，竺国名软香。天华者以生蕊露蕾为供，所谓"香风吹萎华，更雨新好者"[4]是也。

一物三用之而各当，佛之酌剂名香，只与书主一样多事，故曰"多情是佛心"。伊兰，一名赛兰，蜀中有之。

【注释】

① 伊兰花：赛兰香的别称，亦名珠兰、金粟兰。金粟兰科常绿蔓性小灌木。花小，黄绿色，极芳香；花和根状茎可提取芳香油。产于云南、四川、贵州等地。杨慎《升菴集》："蜀中有花名赛兰香，花小如金粟，特馥烈。……余按佛经云……天华香莫若伊蒲伊兰，则伊兰即此花也，西域以之供佛。"

② 《杨慎外集》：即明代焦竑辑《升庵外集》，共一百卷。杨慎（1488年—1559年），字用修，号升庵，明代著名学者、文学家，其文学作品主要收录在《升庵集》。

③ 竺国：天竺国，古印度的别称。

④ 出自《妙法莲花经》："香风吹萎华，更雨新好者。过十小劫已，乃得成佛道。"

柏[1]

《清异录》：同光[2]中，秦陇[3]野人得柏树，解截为板，成器物，置密室中，时馨芳之气，稍类沉水。初得而焚之，亦不香，盖性不宜火。此浅色沉耳。

木之珍者久必香，况柏树中本有香柏，此盖香柏中之尤久者，非另一木也。

【注释】

① 柏：常绿乔木，叶鳞片状，结球果，有侧柏、圆柏、罗汉柏等多种。木质坚硬，纹理致密。可供建筑及制造器物之用。

② 同光：五代后唐开国皇帝李存勗的年号。

③ 秦陇：秦岭和陇山的并称。指今陕西、甘肃一带。

木兰[1]

《名义考》[2]：世传木兰舟[3]，不知木兰是何物。陶隐居云："似楠木，皮甚薄而味辛香。"《相如传》[4]注："如椒[5]而香，可作面膏。"或云与桂同，或云桂中之一种。《玉篇》[6]："欃[7]，木兰也。"

香近椒桂，爇之未免过烈，故合香家不取。

【注释】

① 木兰：今木兰科木兰属落叶乔木。树高2—5米，树皮深灰色，粗糙开裂；小枝稍粗壮，灰褐色。花先叶开放，花瓣直立，长圆状倒卵形，白色或紫红色。《本草纲目》："其香如兰，其花如莲，故名。"

② 《名义考》：明代周祈撰。中国古代笔记训诂著作。共十二卷。

③ 木兰舟：南朝《述异记》中传说用木兰洲中的木兰树造的船。后用为船的美称，多见于诗词。

④ 《相如传》：指《汉书》卷五十七《司马相如传》第二十七上，颜师古注："木兰似椒而香，可作面膏。"

⑤ 椒：即花椒。芸香科花椒属落叶小乔木。树高3—7米，茎干通常有增大皮刺，枝灰色或褐灰色。果实的果皮可作为调味料，可提取芳香油，又可入药。

⑥ 《玉篇》：南朝梁顾野王撰。中国古代一部按汉字形体分部编排的字书，是我国第一部按部首分门别类的汉字字典。

⑦ 欃（chán）：木名。即檀。

白蕤[1]

《五侯鲭》：白蕤，棫朴[2]也，其烟与他木异，直上如线，高五七丈不绝。

按《文选》[3]“焚玉蕤，浣薇露。注：玉蕤，香也。”疑即指此。盖以白蕤合诸香而焚之也。薇露，即蔷薇露。

【注释】

① 白蕤：亦称白桵（ruǐ）或棫。灌木名。丛生，茎上有刺，果实紫红色，可作药用。

② 棫朴：棫，白桵。朴，枹（bāo）木。二者合称泛指灌木。枹木，一种灌木。

③ 文选：又称《昭明文选》。南朝梁萧统编诗文总集，是中国现存最早的一部古诗文总集。

玫瑰[1]

《花史》[2]：宋时宫中采玫瑰花，杂脑、麝作香囊，气甚清香。

《学圃杂疏》谓："玫瑰非奇卉也，然色媚而香甚旖旎，可食可佩，园林中宜多种。"余雅爱此数语。

【注释】

① 玫瑰：蔷薇科落叶灌木。似蔷薇，枝密有刺，花为紫红色或白色，香气很浓。可用于中药、食品及提炼香精玫瑰油。此处指食用玫瑰。

② 《花史》：明代吴彦匡撰。成书于崇祯年间。共十卷。共记载百余种花，每一花为一类，各加神品、妙品、能品等标目。

花腊[1]

《清异录》：脂粉流爱[2]重酴醿[3]，盛开时置之书册中，冬间取以插鬓，盖花腊耳。

花之珍馥者，皆可随时腊置之，以为书生故事，而传于古者盖少，仅见于此。

“花腊”字雅。

【注释】

① 花腊：即干花瓣。

② 流爱：爱好不舍。

③ 酴醿：花名，即荼蘼。蔷薇科悬钩子，属空心泡的变种。直立或攀援灌木。花重瓣，花瓣长卵形，白色。荼蘼花枝梢茂密，花繁香浓。

大西洋酴醿

《花木续考》：酴醿，海国所产为盛，出大西洋国者，花如中州之牡丹。蛮中遇天气凄寒，零露凝结，著他草木，皆冰澌木稼[①]（木稼，霜松也，措词入妙），殊无香韵。惟酴醿琼瑶晶莹，芬芳袭人，若甘露焉。夷女以泽体腻发，香经月不灭。国人贮以铅饼，行贩他国。

贩他国者，亦花腊耳，不知作何等收贮法，想其香必非凡品。

【注释】

① 木稼：即木冰。指雨雪霜沾附于树木所凝结成的冰。

兰膏

《岩栖幽事》[①]：凡兰皆有一滴珠露在花蕊间，谓之兰膏，甘香不啻沆瀣[②]，多取则损花。

此谓叶如门冬之幽兰也。此花品格气韵，甲于诸香，可与楚泽之兰并重，而蕊间凝露，尤其清之清而馥之馥者。故《花木考》谓蜂采诸花，俱置翅股间，惟兰花则拱背入房以献于王。天地间得花之真妙惟蜂，即此可以决兰品，故江南人以兰为香祖。

【注释】

① 《岩栖幽事》：明代陈继儒撰。所载皆山居琐事，如接花艺木以及焚香点茶之类。

② 沆瀣：夜间的水气，露水。旧谓仙人所饮。

赛兰

《华夷花木考》：蜀中有花名赛兰，花小如金粟[1]，香特馥烈。戴之发际，香闻十步，经日不散。杨升庵曰佛经所谓“伊兰”，即此花也。伊者，西域尊称，以其香无比，故曰“伊兰”。

曰赛兰，不及兰也。而佛经以为无比，或者西域之产，其品更胜于蜀中者耶。

【注释】

① 金粟：岩桂花的别名。因其色黄如金，花小如粟，故称。粟，小米。

茉莉花

《格物丛话》：茉莉花，性喜地暖，南人畦莳[①]之，六、七月盛开，今人多采之以薰茶[②]（见《雅志》），或蒸取其液以代蔷薇（见《香谱》），或捣为末以和面药（见《王右丞诗注》）。其香可宝，坡公目为暗麝[③]。

淮海张邦基《墨庄漫录》谓茉莉清芬郁烈，为众花之冠。今闽人以陶器种之，转海而来，浙中人家，以为嘉玩。可见茉莉自宋时始由闽广到浙中，至今则北省亦有之。余在济南，见莳花局中，每家不下百数十盆，皆是由南船来者。可见物之显晦于世也，亦自有时，抑或地气之寒燠[④]，果有古今迁转之说欤。

【注释】

① 畦莳（qí shì）：分畦种植。畦，田园中分成的小区，古代称田五十亩为一畦。莳，移栽，栽种。

② 薰茶：熏茶，又称窨茶，将把茉莉花等放在茶叶中，使茶叶染上花的香味。

③ 暗麝：暗香。《广群芳谱·花谱·茉莉》："东坡谪儋耳，见黎女竞簪茉莉，戏书几间云：'暗麝著人簪茉莉，红潮登颊醉槟榔。'"

④ 燠（yù）：暖；热。

制龙涎

《扪虱新话》[①]：制龙涎香，须素馨花[②]。广中素馨惟蕃巷[③]种者尤香，龙涎以得番巷花为正云。又云制龙涎香者无素馨花，多以茉莉代之。

按《群芳谱》，素馨花来自西域，枝干袅娜，似茉莉而小，叶纤而绿，花四瓣，细瘦，有黄、白二色，须屏架扶起。制龙涎法未详。

【注释】

① 《扪虱新话》：南宋陈善撰。共两集八卷。

② 素馨花：木犀科素馨属攀援灌木。产于云南、四川、西藏及喜马拉雅地区。花通体雪白，香气清淡。相传是汉朝陆贾从西域带来的。

③ 蕃巷：又作蕃坊。中国唐宋时期阿拉伯、波斯穆斯林侨民在华聚居区。当时来华的阿拉伯、波斯商贾被称作“蕃商”“蕃客”，故名。

玉簪[1]

《农圃六书》[2]：未开时形如玉簪，纳粉少许于蕊中，女子清晨敷面，尤能助妆。

此法常见人用之，或曰纳粉于花中，蒸过用尤妙。又按《艺花谱》[3]，取玉簪花瓣拖面，入少糖霜煎食，香清味淡，可人清供[4]。则玉簪之宜人也多矣，香亦不俗。

【注释】

① 玉簪：植物名。又名白萼。百合科多年生宿根草本花卉。花白色，筒状漏斗形，有芳香。因花苞色白如玉，状似簪头得名。

② 《农圃六书》：明代周之玙撰。记载农业生产的书。共四卷。

③ 《艺花谱》：即明代高濂撰《草花谱》。记载了上百种花草的形态、颜色、观赏方法等。共一卷。

④ 清供：又称清玩，发源于佛像前的插花。清供最早为香花蔬果，后来渐渐发展成为包括金石、书画、古器、盆景在内的一切可供案头赏玩的文物雅品。

桂浆

《谈苑》[1]：桂浆，殆今之桂花酿酒法。魏有频斯国人来朝，壶中有浆如脂，乃桂浆也，饮之寿。

《格物丛话》："桂，梫木也，一名木犀，一名岩桂。"《埤雅》："桂有三，一曰菌桂，叶似柿叶而尖滑；一曰牡桂，叶似枇杷而大，《尔雅》谓'梫木，桂者'此也；一曰桂，旧云叶如柏叶，冬夏常青者，此也。"《闽部疏》[2]："延平[3]多桂，亦能作瘴[4]，福南四郡，桂皆四季花而反盛于冬。

【注释】

① 《谈苑》：即《孔氏谈苑》。宋代孔平仲撰。是一部以记载北宋及前朝政事典章、人物轶闻为主的史料笔记。共四卷。

② 《闽部疏》：明代王世懋撰。记录今福建一带的风土人情及山川鸟兽等。

③ 延平：今福建省南平市延平区，位于福建省中部偏北，建溪、西溪汇合处。

④ 瘴：瘴气。旧指南方山林间湿热蒸郁致人疾病的毒气。

凡桂四季者有子，此真桂也。江南八、九月盛开无子者，此木樨也。”《离骚》“杂申椒与菌桂”，又曰“桂酒”，疑即桂浆之类。古人或有其法，但不知其酿法用何等桂也。近时江南人捣制桂花为佩香，或蒸取花露，鬻于北地，则木樨也无疑。

指甲花[1]

《草木状》[2]：有花名指甲，胡人自大秦国移植南海[3]，五、六月开花，细而正黄，颇类木樨，中多须菂[4]，香亦绝似。其叶可染指甲，其红过于凤仙[5]，故名。

按《群芳谱》[6]有水木樨，疑即此也。

【注释】

① 指甲花：即金凤花，又名指甲草。蔷薇目云实属大灌木或小乔木。花瓣橙红色或黄色，圆形具柄。花丝红色，远伸出于花瓣外，长5-6厘米。花柱长，橙黄色。

② 《草木状》：即《南方草木状》，晋嵇含编撰。此书记载生长在我国广东、广西等地以及越南的植物，共三卷。

③ 南海：南海郡，即今广东一带。至秦始皇三十三年（前214年）在岭南百粤地区的东部设立南海郡，沿用到隋代。

④ 菂（dì）：莲子。

⑤ 凤仙：凤仙花。别名指甲花。凤仙花科凤仙花属一年生草本花卉。花有粉红，大红，紫色，粉紫等多种颜色，将花瓣或者叶子捣碎，用树叶包在指甲上，能染上鲜艳的红色，民间常用其花及叶染指甲。

⑥ 《群芳谱》：全称《二如亭群芳谱》。明代王象晋撰。是介绍栽培植物的著作。

松柏根

《虞伯生与朱万初帖》[①]：深山高居，香炉不可缺。退休之久，佳品乏绝。人为取老松柏之根、枝、叶、实共捣治之，研枫肪羼[②]和之，每焚一丸，足助清苦。

香虽不佳，却是雅人深致[③]。善味者，必当深取之，正不在炉中缕缕间也。

【注释】

① 《虞伯生与朱万初帖》：元代虞集著。虞集（1272年—1348年），字伯生，号道园，世称邵庵先生。元代著名学者、诗人。

② 羼（chàn）：混杂；掺杂。

③ 雅人深致：出自《晋书·王凝之妻谢氏传》。原是赞赏《诗经·大雅》的作者有深刻的见解，后形容人的言谈举止不俗，有格调。

山林穷四和香

《壶中赘录》：山林穷四和香，以荔枝壳、甘蔗滓、干柏叶、黄连①和焚，又加松毬②、枣核、梨核，皆妙。

往日徐杏村札③问余欲制此方，余札覆之曰："宋张邦基尝谓荔枝壳不可烧，烧引尸虫，且此方诸品，率皆扯杂无味，不足渼④也。"未知杏村试之否。

【注释】

①黄连：黄连属多年生草本植物。根茎干燥后可入药。入口极苦，有清热燥湿，泻火解毒之功效。

②松毬：中药名，为松科植物的球果。

③札：书信。此作动词，写信。

④渼（fàn）：深。

卷七

香炉考

香炉之制始于汉，法度规矩，大抵以博山[①]为称首。博山者，海中峰也，作炉象之，有数层。下有盘贮汤，氤氲蒸郁，视其炉如幻蜃之不可状，奇禽怪兽，运动于其间，隐隐与香雾若旋转者。《西京杂记》："长安丁缓作九层博山香炉。"是也。炉之最古而有法者，莫著于此。其后成帝时，合德遗飞燕，则有五层金博山香炉。《晋东宫旧事》[②]："太子服用，有铜博山香炉。""皇太子纳妃，有银涂博山香炉。"至于唐开元间，都下大豪王元宝，有七宝博山炉，犹其法也。

【注释】

① 博山：即博山炉。中国汉、晋时期民间常见的焚香用具。以铜器和陶瓷器最为常见。炉体呈豆形，上有盖，盖高而尖，镂空，呈山形重叠之势，其间雕有云气花纹、飞禽走兽，象征传说中的海上仙山——博山。博山位于在蓬莱以西的山东鲁中，今山东省淄博市博山区境内。

② 《晋东宫旧事》：又称《东宫旧事》。南北朝张敞撰。共十卷。该书记录晋太子仪礼风俗，已佚，今有陶元仪、黄奭辑本，陶氏《说郛》共辑得五十节。

然自汉以还，炉之制渐不同。魏武《上杂物疏》[①]：“御物三十种，有纯金香炉一枚，下盘自副。皇太子有纯银香炉四枚，西园贵人铜香炉三十枚。”《邺中记》[②]：“石季龙冬月为复帐，四角安纯金银錾镂香炉。”《梁四公记》[③]：“帝有金炉重五十斤，系六丝以悬之。”《演繁露》有镣炉[④]。镣炉者，沃白金为饰也。梁沈约[⑤]有辟尘炉。以上诸炉，不言博山，盖亦渐变而不离古法者。

【注释】

① 《上杂物疏》：收录于《魏武帝集》四卷。东汉曹操撰。

② 《邺中记》：晋代陆翙撰。记载石氏统治时邺都的物质生活与经济发展情况。原书已佚，仅存辑本。

③ 《梁四公记》：唐代张说撰。中国古代传奇小说。今仅存残本。

④ 镣炉：金属制的有孔炉子。镣，古代称美好的银子。《尔雅》：“白金谓之银，其美者谓之镣。”

⑤ 沈约（441—513），字休文，吴兴武康（今浙江湖州）人，南朝梁文学家、史学家，与周颙等创四声八病之说。传说沈约有辟尘炉，其炉“非木非石，扣之铮然有声，纤尘不染。”

又考《朝野佥事》[①]载谓“洛州昭成佛寺，有安乐公主造百宝香炉。高三尺，开四门，绛桥勾栏，飞禽走兽，诸天妓乐，麒麟、鸾凤、白鹤、飞仙，丝来线去，鬼出神入，隐起[②]钑镂[③]，窈窕便娟[④]。珍珠、玛瑙、琉璃、琥珀、玻璃、珊瑚、砗磲一切宝贝，用钱三万，而库藏之物，尽在于是。”《香谱》载“香兽”者，“以涂金[⑤]为之狻猊[⑥]、麒麟、凫鸭之状，空中以燃，香自口出，喷烟吐雾，以为

【注释】

① 《朝野佥事》：又称《朝野佥载》。唐张鷟撰。中国古代笔记小说集。此书记载隋唐两代朝野佚闻，尤多武后朝事。共六卷。今本已非原书。

② 隐起：凸起，高起。我国雕刻技法之一。指在线条或块面外廓略削减，形成隐约凸起，触之边棱不明显。

③ 钑（sà）镂：用金银在器物上雕嵌花纹。即錾刻。

④ 便娟：轻盈美好的样子。

⑤ 涂金：即镀金。涂，音镀，指用金饰物。

⑥ 狻猊（suān ní）：中国古代神话传说中龙生九子之一。形如狮，喜烟好坐，形象一般出现在香炉上。

玩好。”《焦氏类林》：“李煜长秋[1]周氏居柔仪殿，有主香宫女，其器曰把子莲、三云凤、折腰狮子、小三神、卍字金凤口罂[2]、玉太古容华鼎，凡数十种，皆金玉为之。”此又穷奢极丽者也。至若天地幻化之迹，鬼神灵异之状，则又有非寻常推测可知者。

如《玉堂闲话》[3]：“新浙县真阳观方修元斋，忽有香炉自天下，高三尺，下有盘，盘内出莲花一枝，花十有二叶，叶间隐出一物，即十二属也。炉顶上有一仙人，戴远游之冠[4]，著云霞之衣，相仪端妙，

【注释】

① 长秋：即长秋宫，代指皇后。此处指李煜皇后周氏。

② 罂（yīng）：古代大腹小口盛贮器。原文为“婴”，按《说郛》改。

③《玉堂闲话》：五代王仁裕撰。中国古代笔记小说。内容主要涉及唐末五代时期中原、秦陇和陇蜀地域的史事和社会传闻。

④ 远游之冠：远游冠，古代中国冠饰之一。制如通天冠，有展筩横于前而无山述。

左手支颐，右手垂膝，坐一小罄石。石上有花竹、流水、松桧之状，雕刊奇怪，非人工所及，道俗目为瑞炉。比如金色，轻重不定，寻常约重六七斤。曾有盗窃，数人不能举，至今犹存。”又《稗史类编》：“嵊[①]县僧舍，治地得一砖，上有“永和”二字。及掘得铜器，即今之香炉。有盖，盖上有三足，如小竹筒，空而透上，筒端各有一飞鹤。炉下三足，另有盘承之。”以上二者，其制尤奇。总之古炉器必有盘。沈存中[②]论古香炉多镂其底，先实火于炉中，乃以灰覆其上，火盛则难灭而持久。又防炉热灼席，则为盘荐水，以渐其趾，且以承灰灺[③]之坠者。此乃古制，各有师法授受。

【注释】

① 嵊（shèng）县：今浙江省绍兴市嵊州。

② 沈存中：沈括（1031年—1095年），字存中，北宋政治家、科学家。著有《梦溪笔谈》。

③ 灰灺（xiè）：灯烛或炉火的残灰。灺，灯心燃烧后的灰。

至宋初，守法者犹不敢失。故《事物绀珠》曰“印篆盘[1]焚香具”者，此也。然是时天下尚窑器，而香炉亦遂以磁造。按《香谱》：“香炉官、哥、定窑、龙泉、宣铜[2]、潘铜、彝炉[3]、乳炉，大如茶杯而式雅者为上。”而不言盘。则炉之制，至宋一变古法，而实为宣铜鼓铸[4]之祖。

夫炉，养火物也。火力猛炽，铜则愈炼而愈精，而磁炼久则或裂。故有明宣庙，必以铜铸炉而仿其式。宣铜至今世所存者，正复不少，而镕工逐利，

【注释】

① 篆盘：即篆香的模盘。用来铺香印成篆文，可节省末香的用量及延长或控制熏香的时间。

② 宣铜：指宣德铜香炉。明代宣德年间，宣德皇帝用暹罗国进呈的风磨铜铸制，并亲自参与设计监造的香炉。宣德炉设计制造过程极为严谨，具有很高的艺术价值。宣德炉底书“大明宣德年制”楷书款，带底座。形制规整，通体光素，其色内融。

③ 彝炉：形同彝的香炉。彝，古代有耳盛酒器具，后泛指祭祀礼器，如彝鼎。

④鼓铸：鼓风扇火，冶炼金属，铸造器械或钱币。

杂冒款识[①]，充滥市肆，致使赏鉴家求珠于鱼目之中，殊可恨也。《妮古录》[②]曰："宣德时两宫火，藏金流入铜中，镕而为炉，故后世伪造者不能及。"余窃疑其说。又考《博物要览》[③]："宣庙[④]欲铸炉，问铸工：'铜何法炼而佳。'工奏：'炼至六则现殊光宝色，异恒铜矣。'上曰：'炼十二。'炼十二已，条之，置铁钢筛格，赤炭镕之。其铜之精粹者先滴，则以铸炉。存格上者，乃铜之渣滓，以作他器。此宣炉之所以独重于世。"而其说较《妮古录》为可信。

【注释】

① 款识（zhì）：又称"铭文"。原指中国古代钟鼎彝器上铸刻的文字，后泛指各类器物上有意留下的标识。

②《妮古录》：明代陈继儒撰。杂记书画、碑帖、古玩及遗闻轶事。共四卷。其自序谓"妮"为软缠之意。

③《博物要览》：明代谷泰撰。论列古器物、字画、织绣、印宝等艺术品。共十六卷。

④ 宣庙：指宣德皇帝。明宣宗朱瞻基（1398年—1435年），汉族，明朝第五位皇帝。明仁宗朱高炽长子。统治期间在政治与文化方面卓有成就。

夫看宣炉，先辨铜质，盖其质浑粹在骨，精神周而不耀，或斑驳，或本色，看去自有真灵不磨之气，不以厚薄轻重论也。其次看制法，三代彝鼎，云雷[①]篆刻，飞廉[②]饕餮之类，无一线疏忽，随形措置，纤毫曲折，皆有至理，而精意贯注于其间。宣炉亦然。盖极一时之宗工哲匠，无不殚精毕虑，争效其人官物曲[③]之能。迄于今，或传自人间，或得之水土中，其幽古纯粹，顾不重哉？

谨按《博物要览》，宣德铜器，以炉鼎为首，

【注释】

① 云雷：云纹和雷纹。器物装饰的一种原始纹样，图案呈圆弧形卷曲或方折的回旋线条。圆弧形的称云纹，方折形称雷纹。

② 飞廉：亦作蜚廉，是中国古代神话中鸟身鹿头或者鸟头鹿身的神兽。

③ 人官物曲：谓人的五官各有所能，万物变换各尽其利。出自《礼记·礼器》："是故天时有生也，地理有宜也，人官有能也，物曲有利也。"孔颖达疏："物曲有利也者，谓万物委曲各有所利。"

炉之制有辨焉，色有辨焉，款有辨焉。取其制式之美者，宜书室，登几案。入赏鉴者，如鱼耳炉、鳅耳炉（一名蚰蜒耳）、乳炉、百折彝炉、戟耳炉、天鸡彝炉、方员鼎、石榴足炉、橘囊炉、香奁炉、高足押经炉，以上诸款，皆上品赏鉴也。角端炉、象鼻炉、兽面炉、象头炉、扁炉、六棱四方直脚炉、漏空桶炉、竹节炉、分裆索耳炉、马槽炉、台几炉、三元炉、太极炉、井口炉，以上品格卑俗，虽属宣铸，皆下等物也。宣炉如鱼耳、蜒耳、押经等炉，多有铸耳者，盖宣炉之式，多仿宋磁炉式。中有身耳逼近，施措无余地者，乃别铸耳，磨治钉入，分寸始合也。钉耳多伪。宣炉铸耳，不称者毁去更铸，十不一存。所如鱼耳、蜒耳等炉，真宣铜者尤为难得。故伪造者，但能作钉耳也（以上论制）。

宣炉之色不一。仿宋烧斑色[①]者，初年色。尚沿永乐[②]炉制蜡茶本色，中年色。盖宣德中年，炉色愈工，谓烧斑色掩其铜质之精，乃尚本色，用番硇砂[③]擦薰浸洗为之也。藏经色，末年色。比本色愈淡，铜质愈显。故后人评宣炉色五等，谓栗色、茄皮色、棠梨色、褐色，而以藏经纸色为最。鎏金色者，次本色，为其掩铜质也。鎏腹以下曰“涌祥云”，鎏口以下曰“覆祥云”。鸡皮纹者，覆首色[④]，火气久而成也，迹如鸡皮，拂之实无迹。

【注释】

① 斑色：呈斑点状的染色。

② 永乐：明朝第三个皇帝明成祖朱棣的年号（1403年—1424年），前后共二十二年。

③ 硇砂：硇砂，矿物名，化学成分以氯化铵为主，为火山喷气孔附近的升华物。亦为燃烧的煤层中的升华产物。为皮壳状或粉块状结晶，间带红褐色，玻璃光泽。

④ 覆首色：即覆手色。目前较多见于出土的老炉。覆手，指炉内的颜色，有绿色、朱砂色、黑色等。

本色之厄有二。嘉隆之间，有烧斑厄。时尚烧斑，有取本色真炉，重加烧斑。近有磨新厄，过求铜质之露，取本色炉磨治一新，至有一岁再磨者。又曰，宣铜惟蜡茶、鋈金[①]二色最佳。蜡茶色，以水银浸擦入肉，熏洗为之。鋈金，以金铄[②]为泥，数四涂抹，火炙成赤，所费不赀[③]，岂民间可能仿佛？宣炉惟色不可伪为。其真者色暗，然奇光在里。望之如一柔物可挼掬[④]，然迫视如肤肉。内色蕴火，爇之彩烂善变。伪者外光夺目，内质理疏槁然矣（以上论色）。

【注释】

① 鋈（qiāo）金：饰金工艺的一种。用金泥附著于器物表面。

② 铄：熔化。

③ 不赀（zī）：形容十分贵重。

④ 挼（ruó）掬：揉搓。

款亦有辨。宣德炉款，阴印阳文[①]，真书[②]“大明宣德年制”，字完整，地平润，与炉色相等，非经雕刻熏造者为佳。宣炉真而好者，有无款识者，乃进呈样炉也。宣德当年鉴造者，每种铸成，不敢铸款，呈上准用，方依样铸款。其制质特精，流传至今，谓有款易售，取宣铜别器款色配者，凿空嵌入，其缝合在款隅边，但从覆手审视，觉有微痕。（以上论款）

此宣炉之大概也。又有银囊、滚毬，亦炉类。《名义考》：“银囊，帐中炉也。滚毬，被中炉也。”《西

【注释】

① 阴印阳文：印地凹陷而印文凸出。阴，阴刻，谓将图案或文字刻成凹形。阳，阳刻，谓浮雕。

② 真书：即楷书。

京杂记》："长安巧工丁缓，作卧褥香炉，一名被中香炉[①]。本出房风[②]，其法后绝，至缓始更为之。为机环转连四周，而炉体常平，可置之被褥，故以为名。"《庶物异名疏》："《美人赋》'金鉔[③]薰香，黼[④]帐低垂。'，《纬略》云：'李义山诗'锁香金屈戍'，又'金蟾啮锁烧香入'，此皆香器。其名锁者，盖有鼻钮施之于帷帐之中者也。按丁缓作卧褥香炉，即今之香毬。而金鉔锁香，亦其

【注释】

① 被中香炉：中国古代盛香料熏被褥的球形小炉。它的球形外壳和位于中心的半球形炉体之间有两层或三层同心圆环。炉体向两端有短轴，支承在内环的两个径向孔内，能自由转动。同样，内环支承在外环上，外环支承在球形外壳的内壁上。炉体、内环、外环和外壳内壁的支承轴线依次互相垂直。炉体由于重力作用，不论球如何滚转，炉口总是保持水平状态。

② 房风：疑即防风氏。中国上古时期神话传说中人物或部落名。

③ 鉔（zā）：香球。古代用金属制成的球形薰香器。

④ 黼（fǔ）：古代礼服上绣的斧头状花纹。

类与。”《留青日札》[1]：“今镀金香毬，如浑天仪，然其中三层关棙[2]，轻重适均，圆转不已，置被中而火不覆灭。其外花卉玲珑，篆烟四出。”按此则香毬亦古制，而特不可以登几案，称雅什焉。又有鹊尾香炉。《事物原始》云，东坡诗“夹道青烟鹊尾炉”，盖即今之长柄香炉也，近时亦不多见。近年滇南有新制者，曰生铜炉。其式亦仿宣铸，而不雕镂花文，无款识，周身自然暴出文采，大小错落，如冰裂纹，又如花石砌壁间者，大有真色。或曰是精铜入水中煮，乘热以铁锤捶击而成，此说恐不足信。然骨格名贵，神彩陆离，正不在宣铜下，价亦不廉，即滇中亦不可多得。自宣德以来，四百年铸立炉之佳品，仅见此。

【注释】

① 《留青日札》：明代田艺蘅撰。杂记明朝社会风俗、艺林掌故。共三十九卷。

② 关棙（lì）：关棙子。能转动的机械装置。棙，机关。

蓄炉

富贵有力之家，其蓄炉不难按图索骥，广求宣铸名品。韦素之儒[1]，力既不随，而清致正不可减，则惟择铜之不顽[2]、式之不俗者蓄之，而以勤烧、勤洗、勤擦之力，补救于其间，久则铜之肤肉嫩，

【注释】

① 韦素：韦布素衣。指家世清寒。

② 顽：粗钝。

而真灵之气发于骨理，亦可观也。大凡晨起，盥漱后，洒扫屋榻，整顿书册墨砚。事事毕，便可取炉上火。火既得，覆以薄灰，俟其火力熟透，不复再灭，始加隔火其上，香煤媒之，而后焚香一炉。熟火可四五饼，停久再烧，竟日不绝。至晚临卧时，必须出灰，以生布[①]缓拭之，使终日煆[②]出之物悉上布，其色黝然。乃煮乌梅水，先洗后浸，过一夜。次早取出，再以生布猛拭，使终夜浸出之物悉上布，其色黝然，然后入灰上火，烧如前法。此烧本色炉法也。

【注释】

① 生布：尚未加工染色的白布。

② 煆（xiā）：火气盛。此处指焚烧。

隔火[1]

古人炉中用隔火，极是妙法。盖香中如龙涎、甲煎，须得刚炭猛火以发之，外此虽沉、降之坚，着火犹不可猛，况零藿虚燥之物乎？故隔火者，所以洽香与火之性味，而使之酝酿以相成也。按《香笺》：“隔火用银钱、云母片、玉片、砂片[2]俱可。”又曰：“以火浣布[3]如钱大者，银镶周围作隔火，

【注释】

① 隔火：熏香用具，用来将香炉中的香与炭灰隔开。将隔火片架在埋有点燃的炭火的灰土上，上面放香料。

② 砂片：即粗陶片。

③ 火浣布：指用石棉纤维纺织而成的布。由于其具不燃性，在火中能去污垢，中国早期史书中常称之为“火浣布”。石棉，天然的纤维状的硅酸盐类矿物质的总称，具有高度耐火性、电绝缘性和绝热性。但石棉纤维会引起多种疾病，故在许多国家被全面禁止。

尤难得。”窃谓不如以不灰木[1]捣极烂，用糯米糊和匀，捏作薄饼，随意刻镂花纹于上，尤为得法。又按《香笺》：“凡盖隔火，则炭易灭，须于炉四围，用箸[2]直搠数十眼，以通火气，周转方妙。炉中不可断火，即不焚香，使其长温，方有意趣。且灰燥易燃，谓之灵灰。其香尽余块，用磁盒或古铜盒收起，可投入火盆中，熏焙衣被。

【注释】

① 不灰木：矿物的一种。今指硅酸盐类蛇纹石族矿物蛇纹石石棉。

② 箸：香箸。即香箸，香筷。用于调和香方，取用香材，或在灰上插孔，使炭接触空气，进而不灭。

香盒

盒，盛香物也。《香笺》称有“宋剔[1]梅花蔗段[2]盒”，金银为素，用五色漆胎，刻法深浅，随粧露色，如红花绿叶，黄心黑石之类，夺目可观。有定窑、饶窑[3]者，有倭盒[4]三子[5]、五子者，有倭撞[6]可携游。必须子口紧密，不泄香气方妙。余

【注释】

① 剔：中国漆器工艺的一种。以灰木、金属为胎，在胎骨上层层髹漆雕刻。下文“用五色漆胎……夺目可观”句，即是对剔刻法的描述。即在器物上分层涂以不同颜色、具有一定厚度的漆，然后用刀剔刻，需要哪个颜色，便剔去其之上的漆层，在需要的漆层上雕刻花纹。

② 段：古同“缎”，绸缎。

③ 饶窑：即景德镇窑。中国传统制瓷工艺，宋代六大窑系之一。位于今江西省景德镇。因旧属饶州府浮梁县，故有“饶窑”之称。

④ 倭盒：指倭漆香盒。倭漆，指日本泥金漆器，明代传入我国。

⑤ 子：即子盒。大盒中分出的小盒。

⑥ 倭撞：一种香撞。香撞为多层香盒，通常由香盒内部的几层小盘重叠组成。

谓香盒小物细故[1]，不必过求，然不可不蓄数枚，随时充用。如寻常饼炷，则用雕漆、文竹[2]、花榈[3]、紫檀等制，可也。亦朴亦雅，不易损坏。至香有宜湿烧者，必宜玉盒、磁盒贮之，方可养其滋润。量力备储，期以式雅为主。

【注释】

① 细故：细小而不值得计较的事。

② 文竹：竹刻的一种。又称竹簧、贴簧。指将毛竹锯成竹筒，去节去青，留下一层竹簧，经煮、晒、压平、胶合，镶嵌在木胎、竹片上，然后磨光，再在上面雕刻纹样。

③ 花榈：花榈木。其木纹有若鬼面者，亦类狸斑，又名花梨木。老者纹拳曲，嫩者纹直。木结花纹圆晕如钱，色彩鲜艳，纹理清晰美丽，可做家具及文房诸器。花梨木类归为紫檀属。

香煤

香煤，用茄子秸烧灰，罗拣极净，以洁燥之器收贮听用。凡烧香，候炭熟入炉，以灰覆之。灰炭融洽，上加隔火。隔火既熟，然后以香煤薄摊隔火上，如一钱。香安于上，静坐待之，自然香来匀缓，略无焦燥之气，而灰亦活。

炉灰

《遵生八笺》用炉灰法：“纸钱灰一斗，加石灰二升，水和成团，入大灶中煅红。取出，又研绝细，入炉用之，忌杂火恶炭入灰。”又云“用茄蒂烧灰等说太过。”愚谓用茄蒂法，亦香煤意也。煤者，媒也。盖其性宜于火，能媒使香与炭相悦，而火不遽。古人体物之妙如此。

香炭击

鸡骨炭[①]碾为末，入葵[②]叶或葵花，少加糯米粥汤和之，以大小铁塑捶击成饼，以坚为贵。烧之可久。或以红花楂[③]代葵花叶亦可。

【注释】

① 鸡骨炭：用鸡骨烧成的炭。

② 葵：菊科向日葵属一年生草本植物。高1—3米，茎直立，粗壮。叶通常互生，心状卵形或卵圆形，性味为甘、平，无毒。

③ 红花楂：即红花山楂。蔷薇科山楂属植物。

炭击加香法

凡用烧透炭击入炉，以炉灰拨开，仅埋其半，不可便以灰拥炭火。先以生香焚之，谓之“发香”，欲其炭击因香爇不灭故耳。香焚成火，方以箸埋炭击，四面攒拥，上盖以灰，厚五分。以火之大小消息，灰上加片，片上加煤，煤上加香。则香味隐然而发。此古人烧炉定法，不可不知。

制蜜

凡合香用蜜，此古法也。蜜为百花之精，其于香也，钟先天之性始，故不征于味而征理。且香忌燥，而蜜之体润，尤所宜也，但用时不可过，须与细茶卤[①]并行，则清润相济而有法。

炼法：拣沙白蜜微炼数沸，不可太过。如有苏合油，每蜜一斤，加油二两同炼，秘收用之。又法：拣好蜜以绵滤过，入瓷罐内，用油单三两重紧缚定，入釜内，重汤[②]煮一日。却取出，再煎数沸，出水气，经年不动。窃谓重汤炼蜜，极是妙法，所以免作焦气也。

【注释】

① 茶卤：茶的浓汁。

② 重汤：隔水蒸煮。

窨香

凡合香既成，用不璺[①]瓷器盛之，蜡纸封固，扫洁净地，埋五寸许，月余。或云愈久愈妙。

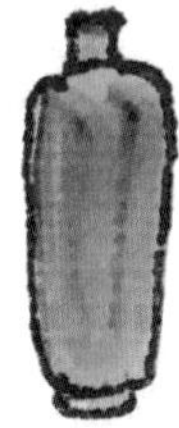

治茅香[②]

凡治茅香，须拣好香挫细，以酒蜜水润一夜，茶清亦可入。炒令赤燥为度。

【注释】

① 璺（wèn）：裂纹。

② 茅香：禾本科茅香属多年生草本植物。茅香是一种芳香性植物，植株具有特殊的香味。

治藿香甘松零陵排草之类

凡治藿香、甘松、零陵、排草之类，须拣去枝茎，晾干揉碎[1]，荡去尘土，不可水洗，汤恐损香。

治檀香

凡治檀香，须拣真香，挫如米大，缓火炒，令烟出紫色新气止。又法：治檀香，用好紫檀一斤，薄切片子。好酒二升，以慢火煮，略炒。

【注释】

①晾（làng）：晒；把物品放在通风或阴凉的地方使其干燥。

青烟录
附录
雅趣小书

香考据·鸡舌香

鸡舌香，又名丁子香，即母丁香。桃金娘科蒲桃属热带植物，非观赏用木犀科紫丁香。

据《本草纲目》，鸡舌香与丁香同种，花实里最大的形似鸡舌，故名。据李珣（《海药本草》）和马志（《开宝本草》）记载，鸡舌香生于今印度尼西亚群岛及我国南部沿海地区，树高丈余，类似桂树。二三月开花，花细，有紫、白、黄等色。果实七月成熟，深紫红色，形状像钉子，长约三四分。植株果实晒干后用作香料或药用，为“母丁香”，即鸡舌香；而未开的花蕾干燥后为“公丁香”，可用作香料。

文中所述即该桃金娘科丁香。古代尚书上殿奏事，口含此香。

香考据·龙脑香

龙脑香，又名冰片，在中国古代有片脑、梅花片、米脑、金脚脑等别称，都是因形色命名。龙脑香实为龙脑香树树干中所含的油脂的结晶。龙脑香树，属侧膜胎座目龙脑香科大乔木，木质部有树脂，析出的优质树脂无色透明，可做香料。古人认为龙脑树树根中的固态树脂为“龙脑香”，树根下液态树脂为“婆律膏”。龙脑香味辛，性微寒，有通散开窍的作用，可用于目赤肿痛、喉痹口疮、溃后不敛等病症。

苏恭说，龙脑树树脂有杉木的气味，颜色明净的最好，久经风日或稀松如雀屎的不佳。将龙脑香与糯米炭和红豆一起贮存在小瓷罐里，可避免香的损耗。《酉阳杂俎》记载，龙脑香树又名固不婆律，香在木心中。唐代天宝年间交趾国进贡的龙脑，形似蝉蚕，老树根节才有，宫中称为“瑞龙脑”。《花木考》记载，片脑由其树树皮分泌的树脂凝固而成，产自暹罗等国，以佛打泥国（古籍多称“大泥”，古国名。故地在今泰国南部北大年一带。)所产最佳。当地居民在深谷截断香树，剥下树皮采集片脑，有的大如手指，厚如铜钱，香味清新，造型光洁可爱，被称为“梅花片”。

香考据·麝

麝，麝香。香料名、中药名。麝香为鹿科动物雄麝肚脐和生殖器之间的腺囊的分泌物，干燥后呈颗粒状或块状。有特殊的香气，有苦味，可以制成香料，也可以入药。麝香具有芳香开窍、舒通经络、活血化瘀等功能。

古人认为麝夏天吃蛇虫，冬天脐内充满香，入春时脐痛，自行用后蹄剔出，再用排泄物覆盖。但实际上，麝为偶蹄目草食性哺乳动物。《青烟录》卷三记载，出自今陕西西部、青藏高原及西南地区的麝香多为真香佳品，湖北、浙江一带的次之。苏颂说，麝香分为三品，第一为“遗香”，是麝自行剔出的，极为难得；第二为“脐香”，捕麝杀之取得；第三位“心结香”，是麝被野兽追捕，惊惧发狂下坠死后被人取出的，这种香因破心见血，有血块凝结，不得入药。李时珍说，用麝香配当门子最好。

香考据·沉香

沉香，又名沉水香、水沉香，为沉香木受伤后凝结的树脂，多为心材和枝节部分。因脂膏凝结，入水能沉，故称沉香。沉香的分级尚无统一的标准。通常认为，品质好的沉香树脂含量高，密度大，颜色乌黑，气味清甜，略带木香或奶香味。

沉香木为瑞香科乔木植物，产于亚热带，古代又称蜜香木。对于沉香木的形态特征和生长地区，古代文献中的记载大致相同。《南方草木状》《唐本草》等书均记载沉香树似榉树，叶似橘树，夏天开花色白而繁茂。而对于沉香的种类的记载，各文献略有不同。如《南方草木状》中认为，沉香有蜜香、鸡骨香、青桂香等八种，按照树木的不同部位划分，但该说法并不准确。与今日判定沉香品质、种类较为贴近的，是《本草纲目》等文献。

古人根据沉香形成的因素，将其分为熟结、生结、虫蠹、脱落等；又根据沉水程度分沉香、栈香、黄熟香等。其中，熟结由自然枯朽的香木脂膏树脉凝结而成。生结是树木被人砍断后，于断口处凝香形成的。脱落是水中朽木产生的沉香。虫漏是在虫蛀出的缝隙处渗出的香。其中生结最好，熟结、脱落次之。沉香里，坚硬乌黑的角沉密度最高，是含油量最大的一种。黄沉温润，蜡沉柔韧，革沉有横纹，这几种都是上品。海岛出产石杵、凤雀、龟蛇、云气等形状的沉香，都按照形状命名。

栈香，也叫笺香、煎香，是沉香中质地较为松散的一种，呈栗蓬及渔簑状。《本草纲目》记载，栈香入水后半浮半沉，是没有完全结成，还连着木头的香。西域称之为婆木香，也叫弄水香。根据形状，栈香还可分为蝟刺香、鸡骨香、叶子香等。栈香中有体大如斗笠的，名为蓬莱香；有枯槎如山石的，叫光香，入药次于沉香。栈香中有一名“鹧鸪斑”，据《倦游杂录》记载，鹧鸪斑是今广州一带的居民入山砍断香木，使坎状断口被雨水浸润而结出的香，这种香有斑点，轻薄易燃，适合焚烧。

黄熟香是沉香中木质纤维组织结构松散、结油较少、虚燥不实的一种。因音近讹作“速香”。黄熟香入水后浮于表面，品质较差，可分为生速（砍伐取香）、熟速（朽木生香）两种。其中体大可以雕刻的整木，叫“水盘头”，不可入药，可以焚烧。

除上述三大类外，《倦游杂录》《类证本草》等文献中，还记载了很多不同种类的沉香。如在树皮上凝结出的香，叫“青桂”，香气清冽；木头久埋土中，不用刓剔自成薄片的，叫“龙鳞”；削香木时自然卷起，木质柔韧的，叫“黄蜡沉”等。

香考据·降真香

降真香，又名紫藤香、鸡骨香。芸香科常绿乔木降真受伤后分泌油脂修复伤口所结的香料。降真香香脂含量高，烧之烟直上，能入药。传说能降神。当前以海南、云南、缅甸降真香占市场大多数。

《海药本草》记载，降真香的树产于南海及古罗马地区，形似苏方木，焚烧时最初不太香，与其他香相和则佳，入药后燔烧，呈绛紫色且香气温润的最好。《真腊记》记载，降真香产自树心，树皮白色，厚八九寸或五六寸，焚烧时香气劲烈。《香笺》记载，降真香紫色最佳，可炼煮出油焚烧。

香考据·龙涎；甘松；元参

龙涎香，哺乳动物抹香鲸消化系统肠梗阻产生的病理性结石。抹香鲸吞食乌贼、章鱼后，无法消化其喙骨等壳蛸，故胃里产生分泌物保护消化系统。分泌物凝结后被抹香鲸排出，初时较软，有臭味，经过海水、日晒和空气的陈化后变硬呈腊状，有香气。可入药或制香。

由于对海洋生物缺乏认识，古人多认为龙涎香是海中的龙吐出的口水凝结而成，因此极为珍视。《铁围山丛谈》记载，宫中有龙涎香，皇帝十分贵重，分赐大臣近侍。当权宦官得到后，将香镶嵌在金玉上，佩戴在颈部，不时在衣领上摩挲。这就是“佩香”的由来。《本草纲目》记载，有的龙涎香是在大鱼腹中剖得的，是黄白色的胶脂，干燥后结为黄黑色的块，如同百药煎制而成。日久变黑，轻飘得像浮石，能收敛龙脑、麝香的气息。《山堂肆考》记载，龙涎香从大鱼腹中刺出而得，焚之清香可爱。其香分为三品，浮在水面的为上，渗进泥沙的次之，被鱼分食的最差。

甘松，败酱科多年生草本植物，植株矮小，有强烈的松节油香气。味苦而辛，有清凉感。产于四川、云南、西藏等地。甘松的干燥根及根茎采挖除垢后，可晒干或阴干制入中药。性温，理气止痛。《广志》记载，甘松叶细丛生，可用来合香或制作蓑衣。苏颂说，甘松叶子细长如茅草，根须繁密，八月采摘煮水沐浴，可令人身体有香气。

元参，又名玄台，多年生草本植物玄参的根，主产于浙江、四川、湖北等地。《开宝本草》记载，玄参的茎高四五尺，紫赤色有细毛，叶子尖长，有手掌大小。苏颂说玄参有两种，一种二月生苗，茎细，叶对生，有锯齿，形似槐柳。七月开青碧色花，八月结子。疑所说为人参。又一种同《开元本草》，根有腥气，三月、八月采摘曝干使用。

香考据·藿香；甲煎

零藿，即藿香。唇形科多年生草本植物，茎直立，叶心状卵形至长圆状披针形。叶及茎均富含挥发性芳香油，有浓郁的香味，为芳香油原料。全草可入药，味辛，性温。又有“多摩罗跋香”（《法华经》）、“兜娄婆香”（《楞严经》）等名称，是梵文音译。《广志》记载，藿香出自沿海国家，茎像都梁香，叶子像水苏。《南方草木状》记载，藿香丛生，五六月采摘晒干，有芳香气。《本草纲目》记载，藿香叶子像豆类，方茎有节，茎中虚空，叶子略像茄子叶。

甲煎。《本草纲目》记载，甲煎是用甲香和沉香、麝香及诸多草药花物共同烧制而成的，可作口脂，也可作香料焚烧。甲香为蝾螺科动物蝾螺或其近缘动物的掩厣，是圆形的片状物。苏颂说，甲香即“流螺”的厣，生于南海及近浙江宁波一带，台州一带体型小的最好。这种海螺青黄色，长四五寸。《传信方》中详细记载了甲香的香方制法。

香考据·金颜香

《香谱》记载，金颜香出自大食国、真腊国，是树的香脂，黄色，香气劲烈，能融聚众香。《一统志》记载，金颜香有深黄色和黑色两种，劈开后内部为白色的最好，夹带砂石的次之。

香考据·零陵香

零陵香，亦称蕙草、薰草。多年生直立草本，高一米许。茎在下半部呈匍匐状，光滑无毛。叶片较大，单叶互生，表面深绿色，内侧浅绿色。具浓烈香气。主要分布在我国广西、湖南地区。

我国古代对零陵香有薰、蕙之别。《本草纲目》记载，古时烧香草降神，香草一种叫薰，一种叫蕙，薰草香气浓郁，蕙草平和协调。又有“一枝上开一朵花，香味浓郁尚有余的是兰花；一枝上开五六朵花，香味还不足的是蕙”的说法。《名医别录》记载，薰草也叫蕙草，生于湿地，三月采摘阴干后叶子自然脱落的好。《山海经》记载，浮山（位于今山西临汾）有种草，麻叶方茎，红花黑果，香气像蘼芜，名为薰草，俗呼燕草。诗书多用“蕙”，不知道具体指哪种。苏颂说，零陵香在七月中旬开花时最香，就是古时说的薰草。岭南人常用火炭将零陵草烘焙干，呈黄色的最好。

香考据·七里香

七里香，又名芸草、椗花、玚花。多年生草本植物，其下部为木质，故又称芸香树。花叶香气浓郁，可入药，有驱虫通经的作用。“芸香”一名存在同名异物的情况，根据《青烟录》卷四考据，古书中多指芸香科植物，也有的形容更接近禾木科草本植物芸香草。有的书中认为芸香和海桐是同一种植物，实则不然。

《群芳谱》记载，芸香广布江南，三月开花，色白繁茂，香气馥郁。小丛生，叶子类似豌豆，秋天叶子上微白似粉。花期过后，叶子细嗅也有香味。从春至秋，清香不绝。又有用芸香茎叶制造紫黑色的记载，疑所指为禾木科芸香草。

香考据·䳛齐香

䳛（bié）齐香，香料名。“䳛齐”即波斯语birzai的音译，又称“白松香”。《酉阳杂俎》记载，䳛齐香出自波斯国，长一丈余，树围一尺许，树皮呈青色，薄而光洁。叶子像阿魏（伞形科植物），每三叶一丛生于枝头。西域人八月砍伐，冬天抽新条。七月砍断枝条，有蜜状黄色汁液流出，微有香气，可入药。

香考据·郁金香；郁金

郁金香在中国古代文献中有同名异物的现象，指两种植物。一为鸢尾科番红花属植物，二为姜科姜黄属植物郁金，二者与今时荷兰国花，百合科郁金香无关。

郁金香，或言郁金花香，即鸢尾科番红花属植物，花多淡蓝色或红紫色，有香味，为常见香料。《本草纲目》中的“红蓝花”、《金光明经》中所谓“茶矩摩”，说的都是郁金花香。对于郁金香的外形，书中描述较为统一，《唐书》记载郁金香叶子像麦门冬，花开时像芙蓉，紫碧色。

《异物志》说郁金香花色正黄，形似芙蓉。陈藏器说郁金香花似红蓝花。旧时多认为郁金香是古代祭祀酿酒的原料，但王沂在《青烟录》中认为，酿酒所用的是姜科植物郁金。

姜科姜黄属植物郁金，多年生草本植物，根茎很发达，根末端膨大呈块根，可用于酿酒、染料及入药。朱丹溪说，郁金无香气，性轻扬，能助挥发酒的香气。

《本草纲目》记载，郁金有两种，用根的郁金其苗类似姜，根部有手指大小，体圆有横纹，像蝉的腹部。郁金外皮为黄色，内部是红色，可浸水染色，有香气。

香考据·詹糖香

詹糖香，由樟科山胡椒属植物红果钓樟的枝叶采收后，经过洗净切碎、加水慢火煎熬而成的香料。其质地与糖相似，呈黑色，香味清酸带微麻气。陶弘景说，詹糖树生于今福建东部南部，纯香难得，多有树皮和蠹虫掺杂，质地柔软者为佳。苏恭说，詹糖树形似橘树，煎枝叶成香，似黑色沙糖。李时珍说，詹糖树的花有茉莉香气，“詹”指其性黏，“糖”说的是香的形状。

图书在版编目（CIP）数据

青烟录 / (清) 王訢著；哈亭羽注译. -- 武汉：崇文书局，2018.10（2024.5重印）

（雅趣小书 / 鲁小俊主编）

ISBN 978-7-5403-5206-6

Ⅰ. ①青… Ⅱ. ①王… ②哈… Ⅲ. ①香料－文化－中国－古代 Ⅳ. ①TQ65

中国版本图书馆CIP数据核字(2018)第215760号

雅趣小书：青烟录

图书策划 刘 丹

责任编辑 程可嘉

装帧设计 刘嘉鹏 1649design

出版发行 長江出版傳媒 Changjiang Publishing & Media 崇文書局 Chongwen Publishing House

业务电话 027-87679105

印　　刷 湖北画中画印刷有限公司

版　　次 2018年10月第1版

印　　次 2024年5月第2次印刷

开　　本 880*1230 1/32

字　　数 250千字

印　　张 7.75

定　　价 49.80元

本书如有印装质量问题，可向承印厂调换